CEIBS | 中欧经管图书

先知后行
知行合一
中欧经管
价值典范

CEIBS | 中欧经管图书

创新教练
Coaching for Innovation

鼓励工作中提出新想法的工具和技巧
Tools and Techniques for Encouraging New Ideas in the Workplace

［意］克里斯蒂娜·比安基（Cristina Bianchi）
［英］莫琳·斯蒂尔（Maureen Steele） 著
吴晓真　扈喜林 译
曹雪会　朱晓明 审校

中国财富出版社

图书在版编目（CIP）数据

创新教练／（意）克里斯蒂娜·比安基（Cristina Bianchi），（英）莫琳·斯蒂尔（Maureen Steele）著；吴晓真，扈喜林译．—北京：中国财富出版社，2017.9
（中欧经管图书）

书名原文：Coaching for Innovation

ISBN 978－7－5047－6588－8

Ⅰ. ①创…　Ⅱ. ①克…　②莫…　③吴…　④扈…　Ⅲ. ①创造性思维—思维训练　Ⅳ. ①B804.4

中国版本图书馆 CIP 数据核字（2017）第 237219 号

Cristina Bianchi，Maureen Steele：Coaching for Innovation

ISBN 978－1－137－35325－2

著作权合同登记号　图字：01－2017－5995

| 策划编辑 | 谢晓绚 | 责任编辑 | 张冬梅　周　畅 | | |
| 责任印制 | 石　雷 | 责任校对 | 孙会香　卓闪闪 | 责任发行 | 董　倩 |

出版发行　中国财富出版社

社　　址　北京市丰台区南四环西路 188 号 5 区 20 楼　　　邮政编码　100070

电　　话　010－52227588 转 2048/2028（发行部）　　010－52227588 转 307（总编室）
　　　　　010－68589540（读者服务部）　　　　　　　　010－52227588 转 305（质检部）

网　　址　http://www.cfpress.com.cn

经　　销　新华书店

印　　刷　北京京都六环印刷厂

书　　号　ISBN 978－7－5047－6588－8/B·0532

开　　本　710mm×1000mm　1/16　　　　　　版　　次　2018 年 3 月第 1 版

印　　张　16.75　　　　　　　　　　　　　　印　　次　2018 年 3 月第 1 次印刷

字　　数　239 千字　　　　　　　　　　　　定　　价　58.00 元

序言

创新教练与创新方法论同等重要

理工科大学的学位课程崇尚数理分析的方法论，而商学院的学位课程崇尚经济学、管理学的方法论。我在为 MBA（工商管理硕士）上课时，有同学曾经问我"创新有方法论吗？"，其实，这些年我们出版的译著《精准创新》（哈佛大学出版社）、《开放式创新》（牛津大学出版社）、即将出版的译著《中小企业开放式创新》（剑桥大学出版社），以及我们的专著《数字化时代的十大商业趋势》（上海交大出版社，中文版／斯普林格出版社，英文版）等，就是时下商界学界研究创新方法论的学术成果之一。

克里斯蒂娜·比安基和莫琳·斯蒂尔的《创新教练》一书，由资深译者吴晓真[①]、扈喜林[②]翻译，我和曹雪会审校，中国财富出版社出版，我先睹为快。此书用十章的篇幅告诉读者"创新不再神秘"。在著书与执教多年后，我会对学生说，无论是创业型企业还是转型中的企业，既不可摒弃起引领作用的科技创新，也不可丢失有望让企业长盛不衰的商业模式创新。而在读了《创新教练》一书后，我会对学生说，该书提供的"实战工具包""思维导图1：教练式创新辅导一览"图等让读者耳目一新，正如作者所言，《创新教练》是

---

① 吴晓真，复旦大学外文学院副教授，师从知名学者陆谷孙教授，译著20余本。
② 扈喜林，自由译者，曾翻译过《开放式创新》《赢的答案》等畅销书籍。

一本实战指南，也是一门自学课程。目前许多商学院都在举办"创业营"，许多科创中心都在筹设"孵化器"，万千创业团队的领导者，都将成为这样出类拔萃的"教练"。

通晓创新的方法论，有助于您获取漂亮的学位分数、扎实的学术功底，而熟谙《创新教练》一书的教练式辅导，并在创业、转型中苦练内功，您将变得足智多谋，胜算多赢。中国有一个成语叫"赢金一经"，《创新教练》一书就是创业创新的企业家们通向成功的必诵之"经"。

中欧国际工商学院管理学教授、原院长朱晓明博士

中文版序言

创新教练鼓励职场创意的工具和技巧

《创新教练》一书能够出版中文版本，我们深感荣幸，也欢迎各位读者能走进这个充满各种机遇和可能性的创新世界。英国经济和商业研究中心（Centre for Economics and Business Research）预测，中国将在 2028 年之前成为全球规模最大的经济体。对于最近几年经历了大规模经济转型和制造业迅速发展的中国，现在可能比任何时候更需要新颖的创见、创新的流程和技术，以及新颖的方法来保持这一增长势头。

说到创新，中国曾经的创新成就数不胜数。中国古代的发明，比如火药、水车、纸币、钱庄等，都为全世界所熟知。现代中国经济极为重视研发投资，从上到下大力推进创新。在 2006 年发布的《国家中长期科学和技术发展规划纲要》中，中国提出要在 2020 年进入创新型国家行列；2050 年成为世界科技强国。

显而易见，要实现上述目标，必须克服很多困难。和很多其他国家一样，中国传统的管理和领导方式、层级制度往往不利于培养和强化职场的创造性思维。各级主管和领导者必须通过新的方式来开发员工蕴藏的巨大潜力。不管是私营部门的组织，还是公共部门的组织，都要想办法最大限度地利用现有资源，探索提升参与力度、思维、绩效和利润的最佳方法和途径。保持竞

争优势，培养创意构思（Idea Generation）文化必将打破各个部门和专业领域的陈规。在未来，成功意味着如何用最好、最有效的方式得到具有价值潜力的新颖创意和多个备选方案。营造出这种文化之后，创新的肥沃土壤就可以形成。

当然，很多方法都可以培养和推动创新。但是我们相信，到目前为止，一种创新方式在很大程度上被低估了，即有意义、目的明确的双向式交流。这种方法可以让我们充分利用其他人的知识、经验和直觉。我们相信，教练法可以在创新过程中扮演至关重要的角色。我们之所以写这本书，是因为我们在与客户打交道和交流的过程中发现，教练式交流对于我们打开创造力的大门、提出一流的创意、鼓励新颖的思维方式可以起到至关重要的作用。我们的目标是为大家提供必要的思维方式、技巧、能力和信心，帮助你进入教练角色，引发能够为创新提供必要前提条件的交流模式和大思维。

让教练法成为你首选的解决问题和方式，你就有机会成为新创意的日常催化剂，成为灵感的日常催化剂。在运用教练思维最终获得创新的过程中，需要获得多个备选方案，并寻找新颖的交流方法。你必须克制自己，不要自以为是地认为你自己的方案或者最初想到的方案肯定是最佳方案。你要培养自己了解其他人的思维方式和想法的好奇心，要用非论断性的方式引导和探索更多的备选方案。你要提出强有力的问题，用心倾听大家提供的答案。如果要培养积极创新的文化，你必须专注于提升其他人的思维方式，而不仅仅是工作流程。当你在进行双向交流时，你应推动人们积极思考，而不是替他们给出答案。如果身处传统的文化环境，主管或领导者决定一切，员工只能无条件地服从命令，那么，培养和运用教练思维将非常困难。虽然如此，我们仍然鼓励你坚持下去，因为回报是丰厚的。

我们撰写《创新教练》这本书的目的，是帮助读者将教练法变成解决问题过程中必不可少的一个环节，最终致力于积极创新。依托大量的模型、建议、实用练习、示例，本书为读者提供了一套培养教练技巧的循序渐进的方法，提供了与团队、个人高效合作的工具。它还可以帮助你营造相互信任的工作氛围文化，让你最大限度地发挥创造力，提升绩效水平，最终，让你突破常规，不断获得新颖创意。

希望大家享受这一旅程。

克里斯蒂娜·比安基、莫琳·斯蒂尔

2017 年 8 月 11 日于瑞士

前言

克里斯蒂娜和莫琳的几句"私房话"

我们每天都与来自各行各业的跨国及全球性组织合作。它们都面临一系列挑战：如何面对不确定时期的要求和不明朗的形势；如何提高绩效、再创佳绩；如何抢占先机等。用创新的方式来克服这些难题不但是可取的，而且是在当今世界中获得成功的必要条件。

我们撰写这本书，是因为我们深受教练式辅导的助益，深信终身学习对我们每个人来说都有很大价值，深信在人生旅途中如果裹足不前，就会一事无成。我们的人生信条是拥抱面前所有的机会。我们希望您同我们一样，能够感受到现在是迎接挑战、提出有价值的创新方案的最佳时机。促进创新教练式辅导意味着您必须将教练式辅导融入到日常行动中去。它要求您孜孜不倦地追求创新这个最终结果，坚持不懈地运用教练式辅导工具和技巧。

实现创新有多种途径，但迄今为止，教练式辅导和创新之间的关系还很少有人探讨，所以我们才决定从事这方面的研究。我们相信，这本书有较高的价值。我们的目标是通过新的方式激发思维，进而帮助人们获得新的思想和工作方法。这本书从我们的视角阐述了教练式辅导工具和技巧在推动创新过程中可以起到的重要作用。

导言
为什么要用教练式辅导来促进创新

　　教练式辅导在创新中的作用是一个很少被人探讨的话题。我们在此书中呈现了教练式辅导和创新过程之间的新关联，因为我们坚信，教练式辅导在促进创新的努力中发挥着重要作用。教练式辅导打开创意之门、培育杰作、引发创新所不可或缺的大局思维。利用教练式辅导推动创新，你不必是天生的创新人士，也不一定非要是职业教练，但你得有正确的态度、行为、技巧组合，拥有一系列经过验证的、操作性强的教练式辅导模型。如果你愿意投资自身，培养自己所需的教练式辅导技巧和能力，我们相信人人都会变成创新达人，人人都能通过教练式辅导技巧有效地促进创新。我们的目标就是为你提供促进创新时所需的重要的教练式辅导技巧。

　　不管你是一位经理人、团队领导者还是一名团队成员，无论你的学科专长是什么，如果你想学习推动创新的有效方法，本书就值得一读。不管你的职业能力发展到了哪个阶段，你都会因为在工作中运用教练式辅导技巧而受益，并在创新过程中出一份力。如果你把教练式辅导作为首选方式，你的使命就是探讨所有可能的备选方案、鼓励自己和他人开动脑筋。教练式辅导帮助你超越平庸，找到独特的创新解决方案，取得更大的

成功。

在这本书里，有些词汇、概念和主题会反复出现，所以我们在导言里先跟大家解释一下它们的含义以及它们之间的联系。

·什么是教练式辅导？教练式辅导是一个专业学科。它提供个人及职业成长方法和途径以及促进变革和提高绩效的工具和技巧。我们把教练式辅导定义为通过提出问题和具有挑战性的假设来帮助某人探索如何解决问题或实现目标的过程。纯教练式辅导的理念是遵照客户设定的议程。辅导的意图和目的是陪伴被辅导人，支持后者识别自身目标并找到解决方案。

·为什么要采用创新教练式辅导？做一名职业教练并提供辅导与以创新为目的扮演教练角色、在日常工作中运用教练式辅导技巧和实践截然不同。我们想带你踏上一段旅程，让你学会在日常互动中使用教练式辅导的工具和技巧，发现其中的无限可能。我们尤其希望你能尝到创新教练式辅导的甜头。我们的意图和目的不是向你提供成为职业教练所需的一切，如果是那样的话，我们的旅程就会大不相同。

·什么是创新？以下定义来自《管理创意和创新》（哈佛商业必读系列，哈佛商学院出版社，2003，P2）："创新是在原创的、相关的、被看重的新产品、流程或服务中嵌入、结合或合成知识。"简而言之，创新是指新的、有用的、可以增加价值的事物。在我们看来，如果你能在做事的方式上有所突破，从而为顾客增加价值，就已经是了不起的创新了。客户可以来自组织内部或外部，甚至可以就是你自己。

·什么是创造？伦纳德和斯沃普在《火花四射》中写道："创造是一个开发和表达可能有用的新想法的过程。（伦纳德等，2005，P6）"创意是创新的基石之一，也是想法迭出的必要条件。没有想法，创新就没有发挥的基础。任何人都有可能随时随地灵光一现——我们每个人身上的创造潜力都可以加以培养和巩固。

· 什么是大局思维？大局思维是挑战极限的结果。它指的是探讨所有的可行方案，提出创新想法，解决大大小小的日常问题和挑战。大局思维意味着你在看待事物时将难以被表面迷惑，你的目标定得更为远大。在最佳状态下，大局思维及其催生的想法会推动各种可能的创新——新流程、新服务或新产品。

· 为什么提问能够激发大局思维？提问是激发大局思维的关键工具之一，也是教练式辅导中不可或缺的部分。当你为促进创新而扮演教练角色时，提问将会成为你的基本工具之一。在正确的时间用正确的方式问出正确的问题并表达正确的意图是一种强大的手段。它能帮你从各个可能的角度审视和探讨问题、挑战和机遇。提问能引出信息、达成了解和催生解决方案。提问能做出质疑、触发回应、透过现象挖掘原因和动机。提问让你思考，让你产生梦想。这样，你才会有大局思维。

在本书中，你会找到各种各样的辅导技能、工具和技巧。你可以在工作场合中运用它们来触发大局思维，为创新提供肥沃土壤。我们鼓励你从前到后按顺序读这本书，这样你就能循序渐进，逐步积累知识。当然，你也可以根据自身的需求和偏好专注于书中的某个特定章节。如果你采用后一种方法，请参考我们用思维导图形式画出的直观目录，这样你就能便捷地浏览各个主题。

在本书的第一部分，我们揭开了创新的神秘面纱（第一章）。后续几章为你提供了务实的、能促进创新的教练式辅导工具，帮助你培养辅导他人的技巧和能力。在我们共同探索的过程中，你会变得越来越自信，逐步适应教练角色。

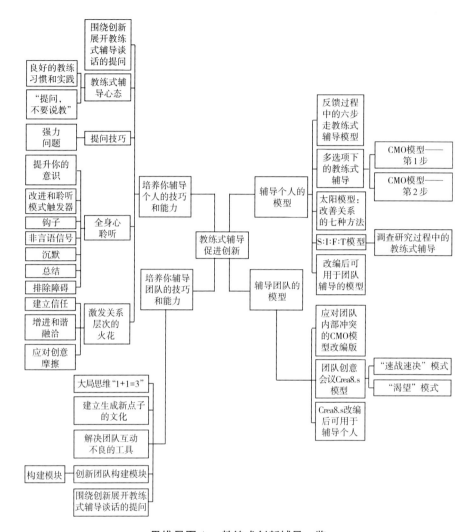

思维导图 1：教练式创新辅导一览

在第一部分的收尾处，我们思考了如何能让这些务实的教练式辅导工具为你所用，以促进创新。我们给出了如何留意新想法、如何将教练式辅导转化为你的首选风格的一些建议。

本书的第二部分聚焦团队中的大局思维。在这里，你会找到一些释放团队创造潜力、引导团队成员走向创意的模型和技巧。

　　《创新教练》是一本实践指南，也是一门自学课程。在本书的第一部分，每一章节的末尾都有反思和实践练习。第五章包含一个专注倾听的 7 日方案，这一章写得尤为详尽，几乎所有篇幅都是反思和实践练习。我们诚挚希望你能进行实践、完成练习，因为这样做会强化学习效果。要记笔记，在做练习时拿笔记本或日记本记下你的反思、记录你的学习进程。你一定会体会到这样做的好处。

　　书中提供的模型已经由各种职业背景的热心"试飞员"试用过。我们尽可能地把他们的建议收录进来，以便帮助你实际运用这些模型。就所有新鲜事物而言，这些模型实践得越多就越得心应手。你一定要保持积极态度，坚持不懈。同理，为了更好地扮演促进创新的教练员的角色，你在引入必要的新行为时也应如此。如果你在具体方法上有一定的灵活性，能根据所在情境和状况调整模型和技巧，效果会更好。

　　请访问我们的网站 coachingforinnovation.com，查阅和下载我们提供的模型模板以及更多有用信息。如果你有疑问，或者觉得在使用我们所开发的工具和技巧时需要额外帮助，可以通过这个网站联系我们。我们非常希望得到你的反馈。

　　如果你想提升创新能力，成为推动新创意的催化剂，最好的办法就是扮演教练角色、运用教练式辅导来推动创新。我们希望你会享受这段旅程。

目　录
CONTENTS

第一部分　促进创新的教练式辅导实用工具 / 1

第一章　创新不再神秘 ······················· 3

　　创新误区 ···································· 3

　　你的使命是推动创新 ··················· 11

　　推动创新的教练式谈话 ··············· 15

第二章　解密创新教练式辅导 ·············· 20

　　扮演好教练的角色 ····················· 20

　　创新教练式辅导的优势 ··············· 27

　　创新教练式辅导带来的好习惯 ······ 28

第三章　打开创新教练式辅导之门 ······· 32

　　提供反馈是创新解决方案的敲门砖 ··· 32

　　创新教练式辅导模型六步法 ········· 37

　　CMO 模型第一步 ···················· 39

第四章　强力问题指南 ·························· 50

　　详细阐述问题 ···························· 50

　　问题即答案 ····························· 53

　　大问题引发大局思维 ······················· 54

　　CMO 模型第二步 ························· 57

第五章　专注倾听，推动创新 ···················· 66

　　专注倾听，推动创新的优势 ·················· 66

　　专注倾听 7 日方案 ························· 71

第六章　大力提升关系层次 ······················ 103

　　用创新的方式建立信任的好处 ················· 103

　　启动信任打造流程 ························· 106

　　走出熟人圈 ····························· 109

第七章　实践工具包 ·························· 116

　　辅导自己，驱动创新 ······················· 116

　　针对调研过程 ··························· 119

　　想法库 —— 追踪你的想法 ·················· 126

　　过渡阶段导航：沟通变革五步法 ················ 127

第二部分　团队的大局思维 / 133

第八章　营造"1+1 = 3"的文化 ················· 135

　　大局思维及思维衍生文化 ···················· 135

我们团队进行思维衍生的行为规范 ……………………… 141

团队怎样发挥出最佳水平 ………………………………… 144

寻找团队变革的动力 ……………………………………… 146

团队冲突管理模型 ………………………………………… 150

第九章　创新团队模块化 …………………………………… 156

为开展创新团队会议做好准备 …………………………… 156

用前四个模块打造作为流程领导者的信心 ……………… 159

用第五至第七个模块来开放地接受和信任思维衍生文化 … 166

用第八个模块展示创造力的"肌肉" ……………………… 172

用第九至第十一个模块组织团队创造会议 ……………… 178

用第十二、第十三个模块保持可持续性 ………………… 184

第十章　创新团队的创新会议 …………………………… 191

团队创造会议是一座桥梁 ………………………………… 191

Crea8.s ——团队创造会议模型 ………………………… 192

快修模式 …………………………………………………… 194

愿望模式 …………………………………………………… 204

结语　机遇与挑战 / 209

附录 / 219

附录Ⅰ　理想的创新教练式谈话中会涉及的问题 ……… 221

附录Ⅱ　专注倾听：内容建议 …………………………… 227

附录Ⅲ　S：I：F：T 规划表 …………………………… 229

附录Ⅳ　菲利普和Ｓ：Ｉ：Ｆ：Ｔ模型："我应该把车停在哪里？" …… 230

附录Ⅴ　试飞员：案例精选 ………………………………………… 236

致谢 / 241

图形目录

图 3-1　STAR 模型的两个阶段 ……………………………………… 35

图 3-2　创新教练式辅导模型六步法 ……………………………… 37

图 3-3　CMO 模型第一步 …………………………………………… 40

图 4-1　CMO 模型第二步 …………………………………………… 58

图 6-1　太阳模型：深化熟络关系的七种途径 …………………… 108

图 7-1　Ｓ：Ｉ：Ｆ：Ｔ模型——针对调研过程的教练模型 ………… 119

图 8-1　将想法构思文化看作一座冰山 …………………………… 140

图 8-2　用于团队冲突管理的 CMO 模型改造版 ………………… 150

图 10-1　用来组织团队创造会议的 Crea8.s 模型 ………………… 194

表格目录

表 1-1　围绕创新教练式谈话的提问 ……………………………… 15

表 1-2　推动创新小问卷 …………………………………………… 18

表 3-1　CMO 模型第一步中的三大领域 ………………………… 42

表 3-2　对话列表（一） …………………………………………… 44

表 4-1　对话列表（二） …………………………………………… 59

表 5-1　自我认知问卷 ……………………………………………… 71

表 5-2　练习案例 …………………………………………………… 86

表 5-3　沉默框架 ·················· 90

表 5-4　钩子焦点问题示例 ·················· 95

表 5-5　学习日志上的空白表格 ·················· 96

表 5-6　工作表：倾听的障碍 ·················· 98

表 6-1　几种抵触场景 ·················· 111

表 7-1　沟通变革五步法 ·················· 130

表 9-1　流程引导的财宝箱 ·················· 163

表 10-1　检查清单：规划高效的团队创造会议 ·················· 193

S：I：F：T 模型综览表 ·················· 229

S：I：F：T 模型方案表 ·················· 229

S：I：F：T 模型：综览表（填写完整的综览表示例） ·················· 233

S：I：F：T 模型：方案表（针对方案 2 的完整方案表） ·················· 234

符号注解

创新故事

认准灯泡图标

可持续发展推动联邦快递的创新 ·················· 9

团队成员之间的信任支持皮克斯创新 ·················· 105

"咖啡胶囊"的成功：发现客户之路 ·················· 125

谷歌眼镜：超越常规思维 ·················· 136

获得大局思维的跨领域方法："眼部电话" ·················· 138

塔塔集团的前行之路："异花授粉"和那些"敢于尝试"的人获

　　得的回报 ·················· 215

汉高的前行之路：投资未来的创新者 ·················· 217

有趣事实

认准书本图标

30 大创新 ·················· 4

发明家：创新者还是改进者 ·················· 6

创新人士的习惯 ·················· 13

教练式辅导的历史 ·················· 22

对教练式辅导的误解：教练式辅导和其他学科的比较 ·················· 26

职场教练式辅导 ·················· 33

苏格拉底式提问 ·················· 52

有关文化差异的积极视角 ·················· 142

创造力强的头脑：将点连成线带来的灵感 ·················· 157

通过头脑训练培养创造力强的头脑 ·················· 172

来自"试飞员"的建议

认准飞机图标

来自"试飞员"的建议：围绕创新进行教练式辅导 ·················· 28

来自"试飞员"的建议：艾维塔论 CMO 模型 ·················· 43

来自"试飞员"的建议：艾维塔论 CMO 模型 ·················· 46

来自"试飞员"的建议：肯论 CMO 模型 ·················· 58

来自"试飞员"的建议：艾维塔论 CMO 模型 ·················· 61

来自"试飞员"的建议：肯论 CMO 模型 ·················· 64

来自"试飞员"的建议：埃瓦尔德论 CMO 模型 ·················· 64

来自"试飞员"的建议：埃琳娜论专注倾听 7 日方案 ·················· 70

来自"试飞员"的建议：埃琳娜论专注倾听 7 日方案 ·················· 74

来自"试飞员"的建议：查理论专注倾听 7 日方案 ·················· 75

来自"试飞员"的建议：简论专注倾听 7 日方案 ·················· 78

来自"试飞员"的建议：简论专注倾听 7 日方案 ……………… 81

来自"试飞员"的建议：约翰论专注倾听 7 日方案 ……………… 87

来自"试飞员"的建议：约翰论专注倾听 7 日方案 ……………… 89

来自"试飞员"的建议：约翰论专注倾听 7 日方案 ……………… 98

来自"试飞员"的建议：查理论专注倾听 7 日方案 ……………… 100

来自"试飞员"的建议：埃琳娜论专注倾听 7 日方案 …………… 101

来自"试飞员"的建议：埃瓦尔德关于 S：I：F：T 模型的建议 ……… 121

来自"试飞员"的建议：埃瓦尔德关于 S：I：F：T 模型的建议 ……… 123

来自"试飞员"的建议：卡琳关于 Crea8.s 模型的建议 …………… 208

思维导图

思维导图 1：教练式创新辅导一览 ………………………… 导言 4

思维导图 2：专注倾听 7 日方案一览 ……………………… 70

思维导图 3：创新型团队模块一览 ………………………… 159

卡通及各种图形：由莫琳·斯蒂尔设计。

思维导图：由莫琳·斯蒂尔运用 IdeasOnCanvas GmbH 公司出品的 MindNode Pro 1.10.2（2411）版设计。

第一部分

促进创新的教练式
辅导实用工具

第一章 \ 创新不再神秘

本章要点

本章旨在揭开创新的神秘面纱，介绍推动创新前所需的一些必要条件。因此，你将会读到：

· 一些常见的有关创新的假设，容易曲高和寡，远离我们大多数人的日常工作。

· 正确的态度和行为以及某些有助于推动创新的技巧。

· 创新过程中的每一步都需要对话交流，教练式辅导如何在其间扮演着重要角色。

创新误区

从客户的倾诉、日常工作的观察以及我们所读的文章中，我们发现创新绝对是当今职场的重要话题，而且未来亦会如此。我们得到的信息非常清晰：没有创新就只能停滞。创新需要时间、精力并投入相当的激情。创新也是一个热门的研究课题，有关创新的著述已经不少。我们认为，无论你以何种方式参与创新，阅读并实践已有知识都会对你大有助益。深入了解创新及其原

理，肯定可以更加有效地推动创新。

30 大创新

2009 年,《晚间商业报导》(*Nightly Business Report*, 获得过艾美奖的美国公共广播公司商业类节目)和《沃顿知识在线》(*Knowledge@Wharton*,沃顿商学院的在线商业期刊)邀请 250 多位市场的观众和读者评选在过去 30 年间影响并改变世界的创新,并在此基础上打造了"过去 30 年的 30 大创新"榜单。前十二大创新分别是:因特网、宽带、万维网(浏览器和超文本标记语言)、个人/便携式电脑、手机、电子邮件、DNA 测试及排序/人类基因组图绘制、核磁共振成像(MRI)、微处理器、光纤、办公软件(电子制表软件、文字处理软件)、微创激光/机器人外科手术(内视镜)。评委们将创新定义为"创造增长和发展新机遇的新事物(《福布斯》,2009)"。他们没有将创新局限于产品设计,能解决现有麻烦的事物都可以是创新。他们没有把创新想成纯粹的需要有用户、应用或市场的"发明"。评委兼沃顿商学院运营和信息管理系主任卡尔·乌里希以艾滋病抗逆转录病毒治疗为例说:"我们不认为它是一种产品设计,但我们把它视为创新。(《福布斯》,2009)"

虽然现有的创新文献很有价值,也很全面,但这些文献存在夸大创新难度和复杂程度的问题。我们在研究后发现,有一些关于创新的假设让创新看起来遥不可及,远离我们大多数人的日常生活。我们发现了一些有时自相矛盾的错误看法,正是这些错误看法,让太多的人觉得创新太难。

因此,我们想要带领大家走出这些让多数人望而却步的创新误区。

误区一：创新是天才独自一人努力的结果

很多人在被问及对创新的看法时，都会想到一个实验室或一个简易车间，里面有一位发明者在灵感的激发下独自一人孜孜不倦地工作着，历经多年研究才实现突破。当然，天才在过去的诸多重大发明中的确扮演了重要作用，将来亦会如此。然而有意思的是，证据表明，这种创新场景的发生频率远比你想象的要低。越来越多的创新来自于团队合作。斯蒂芬·约翰逊在《创意源自何处》一书中得出的结论是，从 19 世纪开始，个人创新日渐被协作式环境下的创新所取代。在协作式环境下，人们携手努力，分享专长和知识，交换彼此对世界的看法，从而创造出新事物。他认为这是一个重大转型。（约翰逊，2010，P228）波音公司 CEO 吉姆·麦克纳尼说："创新是一项团队运动，而不是单人运动……要创新，来自不同群体、学科和组织的人们必须通力合作。（麦克纳尼，2007，P9）"事实上，合作放大了个体的创造潜力，因为整体的力量大于个人力量之和。

这就意味着，你不必独自努力，也不一定非得成为天才，才能创新。

误区二：创新仅指重大发现及突破

大多数人以为创新必须是激进式的，但实际上创新也可以是循序渐进的。激进式创新能成为新闻，专家们称其为"非连续性创新"，甚至称其为"颠覆性创新（克里斯坦森，1997）"。而另一方面，渐进式创新是对已有事物进行改进，或者是以小步走的方式让事物改头换面。渐进式创新可以是对产品、流程、商业模式和服务的改进，以改善客户体验。经济学家拉尔夫·梅森扎尔和乔尔·莫克尔称之为"微小改进"（tweaking）——对现有的或他人开发的事物进行改善。（梅森扎尔等，2011）只要改变或改进的结果是新的有用的东西，那就不能说渐进式创新不重要，也不能说它不具备创新性。

这就意味着，创新不一定等同于发明出全新的或截然不同的东西。创新可以是渐进式的、逐步发生的、基于已有事物之上的。

发明家：创新者还是改进者

如果让人列一个名单，写出有史以来最伟大的发明家，相信上榜的名字大家都不会陌生。它们中很可能包括离世已久的托马斯·爱迪生、亚历山大·格雷厄姆·贝尔、亨利·福特、路易·巴斯德、莱特兄弟……至于近来的发明家，被浓墨重彩提到的名字可能有斯蒂夫·乔布斯、蒂姆·博纳斯·李、马克·扎克伯格等。如果仔细审视名单，你会发现，其中的确有许多人是有创见的思想家，但那些被我们认定为"发明家"的人往往在很大程度上借鉴了前人的成果，将之前的发明加以糅合，然后才被承认。不过，他们都意志坚定、胸怀愿景，是成功的创新者。所以，即使他们站在前人的肩膀上，他们本人、他们的成果和抱负也仍然值得尊敬。无论你是在发明、创新还是在大刀阔斧地改进，没有抱负和大局思维你不太可能走远。凯伦·布鲁门索在她写的乔布斯传记中就指出：乔布斯既有全新之举，也做改进。她是这样写的："他不是个人电脑的创造者，但他引导了个人电脑声音和界面的革命。（布鲁门索，2012，P265）"

误区三：创新只是机会或运气的产物

毫无疑问，巧合在许多重大突破中发挥了举足轻重的作用。巧合本身不足以保证创新一定会发生。如果只有在巧合情况下才能引发创新，那么创新过程将非人力可掌控。早在1985年，彼得·德鲁克就认为，大多数创新理念是有意识、有目的地寻找解决问题的方法或取悦顾客的结果。（德鲁克，

1985）想要创新的组织已经认识到，它们必须鼓励员工为一个共同的目标走到一起，遵照一套流程来催生新想法和多种做事方法，并把这些想法和方法付诸实践。与此同时，各种组织也认识到，有必要创建有利于创意和创新的环境。管理者也好，组织里的每个个体也好，都在其中发挥着重大作用。你不能坐等灵感降临，你必须为之努力。

这就意味着，你必须承担创新责任，确定创新目标和专门的流程。为了催生创新，你必须全身心投入，积极行动，视创新为己任。

误区四：创新只有在完全自由，没有任何限制的流程下才能发生

有证据表明，虽然自由不羁往往有助于创新，但在受制约的情况下也可以创新。在资源有限等限制条件下常常能激发人的独创思维，让人挑战极限，想出用较少的资源做较多的事的办法来。限制条件可以是客观存在的，也可以是有意强加的，后者可以活跃思维。如果有界定清晰的参数，有非常明确的目标，那么人就有了努力的方向。人为强加的假设性限制条件（即如果我们没有／做不到……我们该怎么办）会刺激我们的思维和创造能力。蒙大拿州立大学组织心理学教授布伦特·罗素专门研究产品开发流程中如何平衡自由和约束。他说："有这样一个悖论，那就是创意在自由和约束之间形成张力的时候最丰富。（古德曼，2013）"讲到创新，必须知道何时该让想象力天马行空，何时又该加以约束。

这就意味着，在清晰的限制条件下工作和自由不羁地工作一样能产生创意和创新。

误区五：创新只能在专门的研究中心、智库或创新小组里诞生

许多人都以为，在企业里只有相对独立的研发部门、专门的研究中心或创新小组里才会产生创新思维。在这些"创新温室"里，每个人都专心致

志地研发下一个横空出世的新产品。从一方面来看，这种创新方式的确有其重要价值。但从另一方面来看，如果组织上下的每个人，无论隶属于哪个部门或承担什么职能，都把创新研究整合到日常工作中去，也有很大好处。宝洁公司的雷富礼是企业界的创新思想家，他因为让日常企业工作重新焕发活力而备受赞誉。在他和拉姆·查兰合著的《创新者的制胜法则》（*The Game Changer*）里有这样一个观点："我们视创新为社会过程。为了成功，领导者不把创新看成是只有特别的人才做的特别的事，而应看作是一种日常的习惯性行为、一种有条不紊的做事方法，必须能够利用普通人的能力……（查兰等，2008，P5）"

这就意味着，不管你身处组织的哪一个层级，也无论你隶属于哪个职能部门、有什么专长，你都要为创新做贡献。事实上，人人都能创新。

误区六：创新的成本太高

自然，有些创新在诞生及上市前需要大量的资本投入。许多企业都必须投入大量财务资本来开发新技术、新工艺和原型产品。不过，这并非定例。创新不一定总由昂贵的技术推动。创新不仅仅局限于重大产品的发明或突破。它也可以是较小的、更为渐进式的变革，同服务和流程有关。此外，高研发投入也不能保证一定会形成带来更好的创新。研究表明，2012 年研发投入（R&D）最多的十家企业的绩效不如投入较少的竞争对手。（布鲁斯泰因，2013）再者，几股新兴潮流共同作用，正在逐步降低某些类型创新的整体成本和投资。例如，许多企业现在专注于这样一个概念：快速、低价地向市场推出产品，由终端用户对其进行测试，根据用户反馈再调整产品。硅谷的埃里克·莱斯是《精益创业》（*The Lean Startup*）一书的作者，他把这称为"最低限度可行的产品（minimally viable products）（莱斯，2011，P5）"。

这就意味着，你可以而且也应该用不同的眼光来看待创新，研究出更精益、更快速、更低价的创新方式。

误区七：创新不可持续——世上已经有了足够多的新产品

可持续发展日渐被视为创新的强大动因。市场也好，股东也好，都希望企业能够可持续发展，导致许多企业在企业社会责任上投资更多，并且与时俱进地追求更为环保的运营。这样做之后，许多组织认识到，可持续发展能扩大业务、增加利润。聪明的企业意识到创新和环保可以齐头并进。"起初的目的一般是为了创立更好的形象，但大多数公司实际上因此降低了成本或扩展了业务。（尼杜默鲁等，2009，P59）"

这就意味着，由可持续发展驱动的创新对业务有益，值得全力支持。

可持续发展推动联邦快递的创新

从 21 世纪初开始，联邦快递就将减少对矿物燃料的依赖设为主要目标之一。为了实现这一目标，公司努力在业务的方方面面寻找创新解决方案：依照公司的"合理燃料"计划，他们用波音 757 飞机替代了原有的货机，将耗油量减少了 36%，与此同时运输能力提升了 20%；他们开发了软件程序用以改进航班计划和航线，提高了运营效率（尼杜默鲁等，2009）；他们重新设计了配送模式，将地面和航空运输的密度最大化，减少了运送每个包裹所需的燃料（http://www.about.van.fedex）；他们在德国、美国加利福尼亚和其他几个地方的配送中心安装了太阳能系统，进行可再生能源的发电和用电工作，大大降低了每年的二氧化碳排放量。2004 年，联邦快递携手环境保护基金，推出了第一款商用混合动力卡车。联邦快

递的混合动力卡车比柴油运货卡车节油42%，排放量减少90%。(《孟菲斯每日新闻》，2009）联邦快递继续同教育科研机构合作，改进电动及替代能源车辆技术。联邦快递负责环境事务及可持续发展的副总裁米奇·杰克逊说，联邦快递已经在全球所有运营中采用了"减少、替代和变革"措施，以提高效率、改善客户体验、减少对环境的影响。(库克林，2011）《联邦快递年报》(2012）中写道："在联邦快递，可持续发展与创新齐头并进"。这给企业利润带来了积极影响。2012年，联邦快递每股收益上升了40%，年营业收入额超过了420亿美元——比上年增加9%。(《联邦快递年报》，2012）

误区八：创新只要有伟大的想法即可

催生创意和新想法是任何创新的基石，但把创新完全等同于好想法，无法保证创新的成功。创新需要的不只是想法。想法越多，选择越多，从一堆粗糙的钻石中找到珍品的概率就越大。但从好想法的识别到结出丰硕果实之间，还有很长的路要走。只有在对新想法延展后，你才能真正判定这个想法到底好不好。戈文达拉扬和特林布认为，创新等式中必须具备若干个重要因素：产生新想法的动机、良好的计划、管理和实施计划的恰当流程和团队中优秀的人员和领导。(戈文达拉扬等，2010）

这就意味着，所有的新想法都有价值，但在有了新想法之后，你做了什么才真正关系重大。为了实现创新，新想法必须得到良好的实施，化为行动。

误区九：只有具备创新性格的人才能创新

很多人都有这样一个假设，以为成功的创新者都具备某种独特的性格，而这种性格是与生俱来的。在他们看来，创新者是天生的，不是后天培养出来的。没有独特的性格，就永远都做不了创新者。近期的研究却得出了不同的结论：戴尔、格雷格森和克里斯坦森在《创新者的基因》（*The Innovator's DNA*）一书中识别了成功创新者的共同行为，指出后天增强创意影响力的关键技巧。他们通过研究认定"相较一般的高管，创新者只是更爱提问、观察、建立关系网和试验（戴尔等，2011，P4）"。

这就意味着，你可以通过培养对创新来说至关重要的技巧和行为，不断练习，获得信心，然后运用它们来推动创新。

不要回避创新，也无须被它吓倒。正确认识那些误区，不要把创新看得遥不可及。记住，创新就是想出新颖、有用的想法（或做事的方法）来增加价值。创新可大可小，可复杂可简单，可正式可非正式。只要你做的事或你做事的方法别具一格，同时为顾客增加了价值，那你就已经在创新了。记住这一点会让你的创新推动工作容易得多。

你的使命是推动创新

要创新，你本人不一定就是创新者，也不必亲力亲为地创新。在组织情境下，你肯定会同他人合作，需要他人的支持。你可以做创新的催化剂，尽你所能地推动创新。要推动创新过程、实现创新，你就必须创建一种有利于产生新想法的文化，有了新想法后，你要决定接下来做些什么，然后着手实施。

如果你想成为催生新想法的催化剂，推动创新，那么就从自己开始——把推动创新当成你的使命吧。

第一步：要有正确的态度

要相信创新会让你有良好的开端；有了这种信念，你将会不断地鞭策自己去推动和寻找新的做事方法。这不仅仅是为了自己，也是为了增加价值。最重要的是，你必须培养好奇心和探究精神。没有这种态度，你很难推动创新。

第二步：像创新者一般行事

所有行为都是内在态度的外在表现。某些行为会支持你推动创新，体现出正确的创新态度。一位创新者的外在行为和内在态度是相互作用的。

虽然没有哪一种或哪几种创新行为一定能保证成功，但没有这些行为，你绝对不可能迈出创新的第一步。

- 对一切都要观察，要有好奇心。

- 向你自己和他人发问。

- 仔细倾听。

- 在每一个迂回曲折中寻找机会。

- 多与他人交流，对他人的贡献感兴趣。

- 向自己专业领域以外的人学习。

- 敢于创造，敢于尝试不同的做事方法。

- 重视你自己和他人的新想法。

- 冒险试验。

- 不怕失败，但要从失败中吸取经验教训。

创新人士的习惯

戴尔、格雷格森和克里斯坦森在《创新者的基因》一书中写道："……创新思想家能把他人认为毫不相关的几个领域、问题和想法联系起来。"在这几位作者看来，有四种技巧"帮助创新者增加创新想法的构建模块数量，激活关联思考（戴尔等，2011，P23）"。这四种技巧是：

- 提问。创新人士总爱问"为什么"，乐于挑战现状。

- 观察。创新人士能注意到他人在行为和事务的操作方式中的小细节，并就此进行思考。

- 建立人际关系网。创新人士会花时间结识来自不同背景、拥有不同专长的人，并向他们学习。

- 试验。创新人士一直在探索新的做事方法和新的体验。

这四种关键技巧加在一起，会和第五种技巧联想思维（Associative

thinking）相互强化。它们刺激和发展创造能力，使创新人士找到别人未发现的事物之间的关联，从而强化关联思考过程。

第三步：发现创新过程中每个阶段所需的技巧

创新过程由几个不同阶段组成，每个阶段需要不同的技巧组合。例如，自己提出新想法、鼓励他人提出新想法所需的技巧同实施这些想法所需的技巧不一样。需要花时间进行反思，想清楚究竟需要什么技巧。先评估一下已有的能力，然后提高自己的能力，并且在自己身边聚拢得力的人。在团队中工作时，你有机会利用团队成员的技巧，将其同手头的任务匹配起来。如果你能决定团队的组建，就要尽量确保团队成员技巧的多样化，让它们最大程度地实现互补。这样的话，你的团队就能胜任创新过程中各个不同阶段的工作。还有一点也很重要，那就是要清楚什么时候该向团队以外的人求助以及怎么求助。

第四步：用教练式辅导推动创新

在创新的不同阶段，教练式辅导都能发挥作用。在创新过程中，数据很重要。没有人能否认量化信息在创新项目中的价值，总有测试数据要校对，市场研究报告要评估，和预测、成本有关的各种电子数据表格要审核。不过，量化信息的作用大小同你如何运用它息息相关。你同积极投身于创新计划的人所进行的定性谈话，会影响到你建立电子数据表、电子数据表中要包含的项目、如何收集数据以及如何评估获得的信息。换句话说："要有更高质量的谈话，而非更好的电子数据表。（戈文达拉扬等，2010，P125）"在创新情境下，"更高质量的谈话"是指创新的每一个步骤都要有"建设性"对话。没有哪一种谈话的质量比得上教练式谈话。一旦适应教练式谈话并建立了信心，你在同他人互动、推动创新的时候就不会多虑，而是自然而然地运用教练式辅导技巧。

推动创新的教练式谈话

教练式谈话有几个要素，其中最重要的两个是强有力的问题和对回答专注倾听。如果你有意推动创新，那么你在教练式谈话中所提的问题就会帮你获得信息、建立关联、推动自己和他人建立大局思维、催生创意。此外，知道什么时候该问什么问题能帮助你管理好从催生新想法、筛选、决策到执行的整个创新过程。强有力的问题让你无论如何都有所收获。总而言之，教练式谈话让你向自己和他人提出强有力的问题，让你真正关注对这些问题的回答。在目前关于创新的研究中，教练式创新这一环节缺失。

我们在此提供一个教练式谈话工具，也就是一个伴随创新过程的提问列表（见表1-1）。表中列举了与创新过程各个阶段有关的提问，从如何培养正确的态度到如何从成败中学习都涵盖在内。不管你身处何种团队或企业，你都可以把这些提问结合到未来的教练式谈话中去。在阅读本书的过程中，你会学到如何提问和如何关注对提问的回答。你将学会如何运用并调整这些提问来适应和拓展我们所提供的教练式辅导模型。即便你只是想提高自己的创新能力，这些提问中有很多也能用来测试自己，从而为创新计划添砖加瓦。

表 1-1	围绕创新教练式谈话的提问
就……展开谈话	**意味着提出类似下述问题……**
你或你的团队如何实现创新	"最好的创新文化是什么样的？" "我们的文化跟它相比，是否符合要求？"
创新任务针对的是谁	"（内部 / 外部）客户是谁？" "客户最需要 / 看重的是什么？"
如何分析当前形势	"行之有效的方法有哪些？无效的又有哪些？" "如果我们什么也不做，会发生什么？"

就……展开谈话	意味着提出类似下述问题……
如何确定目标	"我/我们想要实现什么目标？怎么才知道这个目标已经实现？" "与实现目标相关的重大假设有哪些？"
去哪里寻找灵感	"我/我们该到哪里寻找灵感？" "我们该和谁交流？"
怎样激发好想法	"就我们现有的做法，哪些在不同情境下/针对哪些客户会有效？" "如果我们重新做一遍……会有哪些不同？"
哪些方面容易出差错，如何未雨绸缪	"如果所有的计划都有对的地方，也有错的地方，那我/我们的计划如何顺利进行？" "计划中哪些地方容易出差错，如果出差错了，我们该怎样应对？"
组建创新任务的团队	"为了做好该做的事，我们需要哪些技巧？" "团队里已经有哪些技巧，还缺什么技巧？"
你和你的团队将怎样自我组织	"我们怎样才能搭建和需求责任相匹配的团队组织结构？" "为了更好地互相配合，实现我们的目标，我们的流程该是怎样的？"
如何评估一个创新任务团队的执行	"即便事态的发展不总是与我们的预期相一致，我们是否能正确地奖励自己？" "我们该为哪些行动负责？我们为行动负责了吗？"
如何确保创新得到有力的支持	"我们怎样才能获取所需资源？" "怎样说服（团队以外的）人来支持我们？"
构成创新任务基础的假设	"究竟有哪些假设，为什么？" "与每项假设相关的关键因素及可能结果有哪些？"
对假设进行测试和调查研究	"仅尝试和学习就足够了吗？还是我们该展开正式调查研究？" "该怎么制订调查研究计划？"
调查研究的成本	"我们怎样才能在调查研究上少花钱、多了解情况？" "我们把钱花在了哪里，为什么？"
如何评估创新任务的进展	"我们应该怎样建立对此项任务而言有意义的绩效衡量标准？" "绩效衡量指标应该有哪些？"

续　表

就……展开谈话	意味着提出类似下述问题……
诚实看待你已经做过的事情	"我们到底是成功了还是失败了？" "做得好的地方在哪里？没做好的有哪些？下次做会有哪些不一样的地方？"
从工作方式中学习	"我们是否实事求是，遵循了严谨的学习过程？" "我们问的问题正确吗？"

资料来源：比安基和斯蒂尔。

仔细阅读这张表会有两个好处。第一，你会看到提问和创新之间的关系。你会认识到这些问题是围绕创新展开的谈话的重点。第二，当你思考如何应用这些提问时，你就会进一步专注于流程本身，开始培养好奇心和学习意愿，而这两者恰恰是正确创新态度的重要组成部分。

附录Ⅰ是一张更为全面的有助于围绕创新展开教练式谈话的提问列表。我们编写这张列表是为了引导读者问出有利于创新过程的问题。你可以把这张表作为起点，对其中的问题加以调整以适应你所处的环境和状况，实现你的目标。最重要的是，你必须把这些提问用起来。如同所有创新者一样，你需要提出强有力的问题来推动创新。你开始得越早越好。

总　结

1. 创新不容小觑，创新需要时间、精力和物质投入。对创新以及创新过程的了解越多，你就越能有效地支持创新。

2. 因为一些有时相互矛盾的误区，太多的人觉得通往创新之路险阻重重。要否定某些有关创新的假设，让创新变得不再那么遥不可及、高高在上。

3. 如果你把推动创新作为使命，那你就会产生好奇心，愿意学习。你的态度让你在做每件事时都能积极寻找做事的新方法，为创新过程做出最大贡献。

4.用某些行为来表达你内心的态度。这样做会有助于你推动创新。这些行为可以学习、培养和强化。

5.如果你想推动创新，你就需要多样化的技巧组合，这样你才能在创新的每个阶段都卓有成效。你要确保周围的人所具备的技巧与你的技巧互补。

6.创新的每一步都需要高质量的谈话。为了有更高质量的谈话，最好的办法就是在提出强有力的问题和全神贯注倾听的基础上，围绕创新展开教练式谈话。

7.在你的教练式谈话中，你要提出一些能引出信息、帮你建立关联、推动你和他人的大局思维并能催生新想法的问题，这样才能推动创新。

每个人都能创新，每个人都能推动创新。围绕创新展开高质量的教练式谈话，把教练式辅导作为首选方式，会有助于完成你的创新使命。

(反思和实践练习)

你给自己目前在推动创新方面的行为打几分？填写以下小问卷（见表1-2），检查你的创新者行为。

在你的学习日志里，针对以下陈述给自己打分。分值在1~10，10为"非常高"，1为"非常低"。

表 1-2 　　　　　　推动创新小问卷

问　题	打　分
·我有很好的观察技巧，我对一切都好奇	
·我经常向我自己和他人发问	
·我经常全神贯注地倾听	
·我在困难中可以找到机遇	

续 表

问 题	打 分
·我喜欢同他人建立联系，我对他们能贡献的力量很感兴趣	
·我乐于向我自己专业领域之外的人学习	
·我喜欢用不同的方法做事	
·我看重自己和他人的新想法	
·我愿意冒险和试验	
·我不介意失败，但我希望能从失败中吸取经验教训	

基于你给自己的评分，再问自己以下反思问题：

·你的长处在哪里？你能改进哪些地方？

·在你需要改进的领域里，你打算从哪里入手打开局面？

·在你已经做得很好的领域里，你能怎样做得更好？

第二章 \ 解密创新教练式辅导

本章要点

在本章中，你会了解什么是教练式辅导，它又是怎样在创新推动中起到了不可或缺的关键作用。你会发现，不仅只有专业人士才会做教练式辅导，每个人通过学习都可以当教练。我们会和你一起探讨：

·职业教练和一个每天运用教练式辅导技巧和实践、将其作为实现目的的手段的人之间的差别。

·为什么说获得教练式辅导心态是一个清醒的决定，也是成为创新催化剂的关键一步。

·有哪些好的教练式辅导习惯和实践能激发人们的大局思维，并帮你创建适合创新的环境。

扮演好教练的角色

想象一下，你穿越到了石器时代。那时，人们生吃肉食，寒冬迫使大家躲进岩洞，直到春天才能出来。闪电击中了丛林，熊熊大火燃起，温暖了和你同部落的人的脚趾。他们对火有了认识，学会了指派专人看守余烬，不让火种熄灭。然而，有时候火还是会熄灭，而闪电引发大火的机会少之又少。想要随时有火可用成为了大家的梦想。部落里那些有好奇心和毅力的人绞尽脑汁地想摩擦出第一颗也是最重要的一颗火星。

　　假设部落里有那么一个人，无意中成为了首位创新教练，鼓励大家努力去尝试各种方法。看到大家灵感匮乏，又仔细倾听了大家的讨论后，这位无意中成为教练的人——他其实也不知道该怎么取火，但取火成功对他有好处——问出了类似"还有什么可行的方法"或"还有什么我们没试过"之类的问题。

　　来自首位创新教练的这些提问是不是激发了创新的第一步？谁知道呢！重要的是，教练式辅导不是什么新鲜事物。对某些人来说，它就是一种自然的解决问题的方式。首位创新教练本能地具有了所有必要因素：对流程好奇，对结果感兴趣，还不知道答案，但通过仔细观察和专心倾听，寻找到了一个恰当的提问时机。

　　我们从这个故事里能学到什么？有的人出于直觉就能问出此类问题来，

而有些人需要特意训练。无论是哪种情况，如果不是提问的引导催生了多个新想法，很多创新都不会发生。

提问是一种激发大局思维的重要工具，也是教练式辅导中不可或缺的一部分。如果能积极地、有意识地扮演教练角色，带着目的发问，那我们每个人都能更轻松地为创意流程做出贡献。为了成为高效能的教练，我们有必要了解一下教练式辅导是什么。

教练式辅导的历史

教练式辅导已经以不同形式存在了很久。20世纪六七十年代，教练式辅导在工商企业界兴起。维姬·布罗克在《教练式辅导历史概论》（*Introduction to Coaching Industry*）一文中写道，许多人声称自己创立了职场教练式辅导这一学科，但事实上，"教练式辅导在相同时间、不同地点、由不同的人独立开创，然后通过一系列复杂的关系进行了传播。一组偶发的跨学科因素对此起到了推动的作用（布罗克，2012，P3）"。在这一进程中，最著名也最有影响力的一本书是蒂莫西·戈尔维的《网球的内在诀窍》（*The Inner Game of Tennis*）。一般认为这本书首次将体育界的智慧引入了商界。（戈尔维，1975）今天，教练式辅导被视为一门专业学科。它为个人和专业成长提供方法论和路径，为变革和绩效提升提供工具和技巧。

作为一种行之有效的方法，教练式辅导已经进入职场，其对个人及专业发展的支持作用已经被广泛接受。教练式辅导有多种定义。国际教练联盟（International Coach Federation）把它定义为"同客户合作，共同开启发人深省的创意过程，激励客户最大程度地挖掘个人及专业潜能（国际教练联盟，

2013）"。教练式辅导是怎样实现这个目标的？为了回答这个问题，我们自己给教练式辅导下了定义：

> 教练式辅导是通过提问和挑战假设，帮助个体围绕某一议题或目标探寻答案的过程。

作为职业教练，我们倾听并观察；我们支持客户提升技巧和绩效；我们从客户那里探得企业战略和问题解决方案；我们相信客户自身就具备丰富资源，而我们则向他们提供所需的支持，让他们能挖掘出自己已有的资源和创意。我们遵照客户的意愿，帮助客户实现目标。

做职业教练和为了推动创新而在日常工作中运用教练式辅导技巧及实践之间有很大差别。以下三个案例有助于我们理解这种差别。

案例 1：萨莉，指导私人客户的职业教练

萨莉是一名独立执业的职业教练。鲍勃在一家医药公司担任管理职务，正在考虑转行。为了弄清自己的个人及职业长期目标，他聘请萨莉做教练，一共面谈六次，以期识别出备选方案，顺利实现职业方向转变。他们一致同意每两周在萨莉的办公室面谈一次。萨莉会确保办公室的环境清幽，无人打扰，面谈私密性有保障。第一次面谈时，萨莉和鲍勃就教练式辅导的范围、辅导过程和其他事项达成了一致。每次面谈时，萨莉都会鼓励鲍勃回顾他为该面谈设定的长短期目标。萨莉会用提问方式帮助鲍勃辨识自己偏好的解决方案，对他认为什么可能和不可能的假设进行质疑。最终，鲍勃了解了自己想要的新职业，还确定了实现职业转变的具体行动方案。

案例 2：马克，指导企业客户的职业教练

马克是一名职业教练，在一家从事辅导与培训的公司工作。一家食品制造商聘请他所在的公司为高潜质员工提供培训，目的是提升他们的创新性。该企业决心在组织内部建立起一个更好的创新框架，希望这些高潜质员工能够发挥作用。简是高潜质员工之一，她将同马克合作，共同为实现这一目标而努力。马克、简和简的经理在简所在公司预订的一间安静的会议室里第一次会面，商议教练式辅导的范围。他们讨论的内容包括整个教练式辅导的流程以及项目伊始对他们每个人来说的重要考虑事项。后续会议一般只有马克和简参加。马克会用提问的方式帮助简制订一套为实现目标所需的具体行动方案。在这些教练式辅导会议以外的时间里，简会向她的经理通报辅导的最新进展。她只同经理分享在她看来必要的、适宜的、可以公开的细节及内容。马克也按预先约定的时间间隔和经理会面，向后者通报教练式辅导流程的最新情况，简也清楚他同经理分享了哪些信息。在流程结束前，他们三人还会再开一次会，对整个教练式辅导流程做总结、评估和收尾。

案例 3：苏珊，职场里的日常教练

苏珊是一支小规模营销团队的经理。她的直接下属卡洛斯正在重新包装公司的一个品牌。他俩坐下来，讨论下一步该做什么、如何协调好参与这个项目的不同部门成员。卡洛斯在大多数方面都取得了良好进展，苏珊只需在他的计划书上签字批准即可。然而，他没有得到销售部领导的认可，感到有些沮丧。销售部的那位领导比较死板。卡洛斯怀疑一般的方法在他身上起不了作用。苏珊可以主动提出由她来干预，这不是很难的事。但她认识到这样做不利于卡洛斯对最终方案产生认同感，也不能让他想出应对那位销售部领导的创新做法。于是，她鼓励卡洛斯探索各种可能的途径，甚至连那些一

眼看上去不可能的路径也要好好探究一番。她还给出了几个建议。在苏珊的一系列提问和两人对所有可能途径的联合评估之后，卡洛斯找到了一套新的、在他看来很有可能成功的行动方案。

在以上三个案例中，教练式辅导的目的都是找到一个既定议题的可接受解决方案。提问（即萨莉、马克和苏珊所提的问题）以及对假设的挑战都是辅导流程中不可或缺的部分。不过，这三个场景之间还是有几个关键差别的：

第一，正式对非正式。

萨莉和马克都是经过认证的职业教练。他们受聘于企业，担任外部顾问，领取报酬。他们同客户开展正式的教练式辅导会议，而且他们受过培训，知道怎样系统地运用辅导流程。这个流程包括同客户达成正式协议，还包括同客户商定具体的步骤及顺序。苏珊的情况则不一样，她是一位经理，但她有能力在特定环境下向他人提供非正式的辅导。在她同卡洛斯开会时，她把握机会，担当了教练角色。

第二，参与者的利益点。

在以上三个案例中，参与者们之所以走到一起，是因为他们有共同目标、都在探求问题的答案。

他们这样做可能出于个人动机，也可能是为了满足客户的要求。然而，作为职业教练，萨莉和马克并不会从客户自身的目标中获益，但澄清、发现和实现客户的目标与他们的利益密切相关。他们的使命很简单，就是担当客户实现目标的助手。苏珊的情况则不一样。作为卡洛斯的经理，卡洛斯手头事项的成败同她的利益息息相关，而且为了确保结果对大家都好，她可能会提一些自己的建议。

第三，目的。

马克和萨莉的目的是完成一位成功的好教练应尽的义务以及随应尽义务而来的其他事宜。苏珊的目的主要是完成一位优秀主管应尽的义务。

这就意味着她不但要关注结果，还要为她以及她的团队寻找能带来更好结果的不同做事方法。如果她能够借鉴职业教练们的辅导技巧，更好地实现目标，那么她就增加了自身管理风格的种类，提升了自身的工作效能。

许多人一开始的时候都不太愿意采用苏珊的做法，担心如果出现问题，就不得不去做职业教练。这样一来，他们就无法尝到职场日常教练式辅导的甜头，尤其是无法体会到教练式辅导在引发思维激荡、催生创新方法上的好处。运用教练式辅导，找到创新解决方案并非职业教练们的专利。如果你愿意投入时间和精力，你也可以培养恰当的技能，学会运用教练式辅导工具和技巧，有效驱动创新。在教练式辅导的过程中至关重要的是你要有教练式辅导心态。

对教练式辅导的误解：教练式辅导和其他学科的比较

教练式辅导有三种主要类型——体育运动教练式辅导、工商企业界教练式辅导和生活教练式辅导。许多人简单地把教练式辅导同体育界联系在一起。然而，工商企业界的教练式辅导和生活教练式辅导却几乎是发展最快的职业。国际教练联盟《2012年全球教练式辅导研究》（*Global Coaching Federation*）估计，全球共有4.7万名教练。（国际教练联盟，2012）教练式辅导不是教导新人、心理咨询、心理治疗或顾问。教导新人的含义在于把技巧和知识传递给他人，心理咨询是引导客户倾诉自己的困扰、探究自己的情感和情绪并找到管理困难情境的解决方案的过程。咨询师一般会给出建议或指导意见，但他们也可以鼓励客户自行找出解决方案。心理治疗通常会建立医患关系，医生帮助病人回顾过去及心理创伤，以期找到治愈的方法。顾问通常是具有某个领域专长的外部顾问，受聘解答其专业领域的某个问题。

创新教练式辅导的优势

要学会正确的思维方式，运用教练式辅导技巧来推动创新应该是有意为之的，是积极的。这种思维方式要求人们不要被表面现象迷惑，而是要探究更多内容。其间对他人想法和思路的好奇心至关重要，因为这能让你真正倾听别人的想法。此外，拥有这种思维的人还知道自己的想法不总是最重要的，所以愿意把自己的想法和其他备选方案放在同等地位进行评估。具有这种思维方式的人会有意识地克制"讲"的冲动，而将重点放在询问、引出他人的意见和建议中来。这样做好处多多。

首先，你本人会从中受益，对周围人的影响力会逐渐增强。你会看到别人对你的回应更为积极，因为你创造了让他人各抒己见的空间，并看重他们的看法与建议，他人会把你看作辅导人和推动者。因为有你，备选方案更丰富多样。大家在一起深入交流，每一位参与者都共同努力，为了实现创新结果而更加充分地献言献策。你不但取得了成功，更因为鼓励他人参与而提高了成功的质量。简而言之，你成了变革和大局思维的催化剂。

其次，教练式辅导对象也会受益。你鼓励被辅导对象做出贡献，培养了对方独立思考的能力，使对方有了更强的认同感，更愿意为结果负责。对方因为更积极参与，所以更有工作动力，更加投入。这对你的辅导对象的个人成长和发展必然有很大影响。

最后，你所在的运作体系，无论是一个项目组，一个团队，一个部门还是一家公司，都将获得多重助益。变革和创新不是随随便便就可以成功的。要变革和创新，必须有更多、更好的备选方案，更彻底、更高效的分析和筛选流程，这样推出的新产品或实施的变革才更可能成功。如果你向更多人收集信息，征求他们的意见和建议，并且向他们展示整个过程，那你将更容易获得参与者的支持。这样一来，前进和创新将不再走艰难的上坡路，因为你

并非单兵作战。

如果要建立教练式辅导心态并扮演教练角色，你就要克制发号施令的欲望，多向他人发问。做到这一点并不容易。对一些人来说，这同他们的习惯做法有所矛盾。然而，如果你想推动创新，你一定要认识到掌握灵活性并对不同的做事方法持开放态度非常重要。不可否认，在特定情况下，由一人下命令、告诉别人该做什么是最优选择。但是，如果你只会采用发号施令这一种方式，难以激发大局思维，也不太可能看到创新成果，因为发号施令让你无法探究并受益于他人的宝贵建议和看法。

如果你相信教练式创新辅导的优势，并且决定建立教练式辅导思维，那你就打开了一扇大门，门里面有更多更好的新想法，更多样化的互动和沟通方式。一旦你开始培养这种心态，你就可以发挥出教练式辅导的优势，培养有助于推动创新的高效的教练式辅导习惯，将其并应用于实践中。

来自"试飞员"的建议：围绕创新进行教练式辅导

这就像减肥或健身——我们总想找到神奇配方，好一口气减掉十千克，或者锻炼一星期就能去跑马拉松。事实上，世界上没有什么速成法。你只能下定决心，一小步一小步地改进。如果你想促进职场创新和创意，你要长期致力于教练式辅导思维的应用，不能寄希望于"速成"。

——桑那·F，瑞士洛桑联邦理工学院（EPFL）联络部主管

创新教练式辅导带来的好习惯

很多好习惯都有助于营造一个思维突破的氛围。根据具体情况，大多数

好习惯或好方法只适用于某个阶段。接受和采用这些做法只有好处，没有坏处。然而，有三种坏习惯不但会阻碍你运用教练式辅导来推动创新，还会对它造成破坏。这些习惯和做法都很危险，必须及时规避。

这三个坏习惯和做法是：

第一，不愿意采纳另类思维方式，不顾一切地把自己的想法强加给他人。

第二，对他人的建议和意见妄加评判，毫不重视。

第三，过于谨慎，不愿承担任何风险。

上述任何一个坏习惯都会阻碍创新，更别提三个坏习惯一起上阵了。

在日常工作中，一个理想的教练为了培养大局思维、促进新想法的诞生，通常会有以下行为：

第一，专注于推动创新，并下决心一定要实现创新。

第二，帮助他人认识到任何问题都会有解决之道。

第三，鼓励自己和他人开动脑筋，想出各种不同的新主意，并且乐于把自己的想法同他人的想法融合到一起。

第四，鼓励开展对所有新想法的分析和评判。

第五，探究各种备选方案，思考不同行动方针的优劣。

第六，在适当的时间提出适当的问题，以期展开深入探讨。

第七，积极倾听。

第八，有同理心，找出其他视角的闪光点。

第九，积极鼓励并支持他人，不做主观评判。

职业教练也会有同样的好习惯和好做法。不过，职业教练同日常工作中的教练有两大根本差别。第一，职业教练只关注如何帮助客户识别并实现目标。第二，职业教练只有在客户强烈、反复要求下才会发表自己的意见，而且措辞谨慎，会告诫客户这只是一个可能有帮助的视角。与此相反，在职场日常工作中运用教练式辅导来推动创新的人通常可以做出积极贡献，因为结果好对他们也有利。他们

会积极参与新想法及解决方案的产生和评估。

如果要有效地运用教练式辅导技巧来推动创新，你必须相信养成教练式辅导思维是值得的、能增加价值的。你必须相信，教练式辅导不仅可行，而且有重要作用。你必须愿意辅导他人，并相信自己的辅导能力。有了这些激励因素，你就可以开始培养良好的习惯和做法，把教练式辅导变成你日常互动中的一部分，而不是一个被剥离出来的技巧。接下来，你要说到做到，一有机会就实践你的辅导技巧。

总　结

1. 一位凭直觉行事的教练对流程感到好奇，对结果感兴趣。他不必知道答案，但他可以通过仔细观察和专注倾听知道什么时候该问出推动事态进展的问题。

2. 职业教练的使命是充当助手。他们不会从客户自身的目标中获利，但他们会在帮助客户认清、确认并实现目标的过程中获利。

3. 在职场上，担任教练角色的人的得失往往取决于他处理的问题的结果。在你为推动创新而进行教练式辅导的时候，你要鼓励他人多多探索，不要止步于第一观点，这样才能形成大局思维。

4. 职业教练很少提供建议或发表意见。与之相反，职场日常工作中的教练常常积极参与催生及评估新想法和解决方案，因此有条件做出贡献。

5. 有时，发号施令依然是最合适的方法。然而，如果你有意识地克制"讲"的冲动，多询问，引出他人的意见和建议，那么新想法的多样性和质量都会提高，可以为所有参与者带来多重好处。

6. 树立正确的教练式辅导思维，推动创新，培养好的习惯，创造有利于突破常规思维的环境。这样做只有好处没有坏处。

7. 三大坏习惯和做法（把你的想法强加给他人、主观武断、不愿冒险）是阻碍创新的不可逾越的障碍。

⎡反思和实践练习⎤

在你的学习日志上写下你对以下几点的反思和回答：

·在工作中也好，在个人生活中也好，你有没有无意识地担当过教练角色？你有没有碰巧起到过教练的作用？那次谈话的结果是什么？谈话对象受到了什么影响？

·你有没有无意识地被他人辅导过？有没有人在同你谈话的过程中既不给你建议，也不告诉你该做什么，而是协助你找到了答案？这对你有什么影响？

·要养成推动创新的教练式辅导思维，你必须对他人的想法和思维感兴趣。在接下来的几天里，至少找到他人想出来的两个新想法，尤其是那些一开始你觉得难以接受的新想法的闪光点。找到闪光点后，评估自己对这些新想法的认知和评价有什么改变。

第三章 \ 打开创新教练式辅导之门

本章要点

我们会在本章向你介绍一些简单易行的方法，帮助你实践促进创新的教练式技巧。实践得越多，你对运用教练工具和技巧的信心就会越足，会更容易抵制自身发号施令的欲望，提问也会变得更顺畅。

·借助创新教练式辅导模型六步法给他人提供反馈是一种很好的教练式辅导实践机会，它能提供更多备选方案。这比你一个人绞尽脑汁要有用得多。

·非正式教练会抓住一切可能的机会展开非正式教练式谈话，帮助他人想出多个备选方案并自行制订解决方案。

·CMO（Coaching for Multiple Options，意为"针对多个备选方案的教练式辅导"）模型可以支持你的教练式谈话，给你一套谈话流程，让你提问时能问到点子上。

提供反馈是创新解决方案的敲门砖

谈到运用教练式辅导来促进创新时，你的基本沟通技巧库里应早已存在两个关键技巧——提问和倾听。然而，如果你想高效运用教练式辅导工具和技巧，就要抓住一切机会来探索和发展它们。后面的章节会教你怎样在恰当的时间问出恰当的问题，怎样在倾听中捕捉对方的真意。但目前我们希望你把已经掌握的技巧用起来，开始扮演教练角色。这样，你既有了实践机会，又能进一步发展这两种技巧。

职场教练式辅导

　　2011 年，领导及管理学会发表了一篇题为"创建教练式辅导文化"的报告。该学会的研究表明，在参与此次研究的组织中 95% 的组织相信教练式辅导对组织有好处。许多受访组织认为，提供教练式辅导的两大主要优点是让自己有更清楚的认识（43%）和更自信（42%）。不过，也有证据表明，增强特定领域的商业知识和技巧（45%）也是教练式辅导为组织带来的好处之一。（领导及管理学会，2011）的确，有越来越多的证据表明，聘请外部教练对组织有重大影响。如今，许多组织希望管理者能扮演教练角色，这一趋势也在领导及管理学会的研究中得到了验证，83% 的受访组织表示它们有这样的期望。各个组织采用了不同方法来提供恰当的支持、培训和鼓励，帮助内部教练发展教练式辅导技巧。该报告的结论之一是"教练式辅导是提升组织表现的一个重要发展工具。本次研究表明，希望最大限度斩获教练式辅导裨益的组织应当专注于扩大教练式辅导的范围和可用性，创造一种渗透至整个员工队伍的教练式辅导文化（领导及管理学会，2011，P5）"。

　　你什么时候开始辅导，怎样开始辅导？在你的职业生涯中，不管是作为管理者还是团队成员，你时常给他人反馈。有时候，反馈的目的只是让他人意识到他们的行动和行为所造成的影响。反馈是一个极好的教练式辅导机会，

能够打开通往不同做事方式的大门。

如果你把推动创新作为自己的使命，给出有效反馈就成了帮助你顺利通过创新流程每一个阶段的关键活动。在你同他人就以下话题展开教练式谈话时，反馈尤其重要：

· 建立有利于产生新想法的文化。

· 评估一项创新任务的进展。

· 实事求是地评估你的行为。

· 你的工作方式。

· 从你的得失成败中吸取经验教训。

这些谈话为反馈提供了绝佳平台，也让你和他人能坦率地就如何强化好习惯及行为、如何纠正拉低工作效率的行为、如何在监督和追踪进展过程中采取补救措施等问题交换意见。因为反馈在任何创新活动中都不可或缺，所以一定要把它做好。

人们对反馈有很多误解。有人将反馈看作是对他人评头论足的好机会。他们把反馈当成一个工具，借此评判别人，或者告诉对方他们认为更好的做人或做事方式是怎样的。然而这种反馈往往只发生在出错之后。

相反，反馈可以也应该被当成提升自己，保持高绩效的工具。这是一个人长期成长过程中的一个重要组成部分。我们在培训课程上告诉学员，反馈是：

> 给予某人或某个群体的有关其先前行为和后续影响的信息，以便该人或该群体调整或强化当前和未来的行为，实现共同商定的或有意实现的目标。

正确的反馈能强化好的行为或行动，还能引导人把注意力集中到尚不完美的地方。

STAR 是一个世界通用的沟通模型，也是管理反馈对话的绝佳方法之一。我们将对 STAR 模型进行微调，令 STAR 模型能提供由命令转向发问的机会，并以此推动对不同做事方法的探索。

STAR 模型分为两个阶段。这两个阶段常常由图 3–1 中的两个星形来代表。在第一阶段，你专注于一个特定情境（S_1），简述任务（T_1），描述相关人士的行动（A_1），然后给出该行动的结果（R_1）（造成的影响）。在第二阶段，你仍然关注同一个情境（S_2）和任务（T_2），但你会分享你认为可行的替代行动步骤（A_2）并描述该替代行动的可能结果（R_2）（造成的影响）。

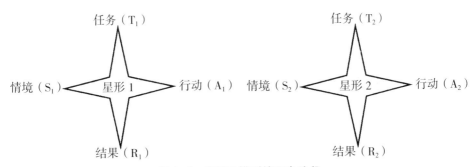

图 3–1 STAR 模型的两个阶段

资料来源：一个世界通用的沟通模型，确切来源不详。

情境（S_1）：专注并描述相关情境　　　　情境（S_2）：专注同一情境
任务（T_1）：描述任务和目标　　　　　　任务（T_2）：专注同一目标
行动（A_1）：描述他人采取的行动　　　　行动（A_2）：提议替代行动步骤
结果（R_1）：描述实际结果　　　　　　　结果（R_2）：描述可能产生的另一种结果

以下是运用该模型进行对话的典型样本：

情境（S_1、S_2）"纳迪娅，我请你来是想谈谈大客户管理数据库。"

任务（T_1、T_2）"在我们9月的团队会议上，你被指派建立一个新系统来管理我们的大客户。我们认为你应该在上周末交出计划书。"

行动（A_1）"我刚从马库斯那里了解到，计划书还没完成。你错过了截止日期，而且没有告诉我。"

结果（R_1）"现在，总部每5分钟就给我打电话，询问最新情况，要求我们拿出计划书来。我却提供不出任何信息。"

行动（A_2）"如果你能提前告诉我，按时拿出计划书有困难，我会非常感激。"

结果（R_2）"如果事先得知情况，我可以早点通知总部，告诉他们会有延误。"

常规的 STAR 模型让反馈更客观、没有妄加评判之嫌，因为你针对的是行为，而不是当事人或其动机。然而，如果你把自己的解决方案强加给了接受反馈者他无法提出自己的建议，这样一来，探讨并整合多个备选方案的大门就被关上了。如果能展开讨论，多加思考，结果或许会更好。妄加评判在一定条件下打击了接受反馈者的参与积极性和潜在创意。

想象一下你就是接受反馈的人。如果别人给你提供了一个替代行动步骤，你改变自己行为或行动的动力会有多大？如果别人给你一个与你提出的方案完全不同的方案，你对这一改变的认同感如何？再想象一下，如果在 STAR 模型第一阶段临近结束时，有人问你："更好的结果会是什么样的？""事后想来，哪些地方你可以做得更好？"你会怎样回答？这种提问形式会不会令你感到意外？乍一被问到，你可能不知道该说些什么，但是看到对方充满期待，态度诚恳，目光中满是鼓励——这时的对方已经扮演起了教练角色——你就会开动脑筋，提出更多想法和替代方案。最终，这会对你的参与度、动力和认同感产生积极影响。

创新教练式辅导模型六步法

如果你的首要目的是找到创新的解决问题方案，那么很重要的一点就是要根据传统的两阶段 STAR 反馈模型转型，担当起教练角色，催生多个备选方案。最好的做法是沿用 STAR 模型的第一阶段，然后让反馈双方都能积极参与其中，达成双方共同接受的结果。

如果你愿意通过提问请对方发表意见，并且为之做好了准备，那么就可以开启一场对话，共同探讨和提出备选方案。这并不意味着你不向对方提出解决问题的其他方案。事实上，你会等到对方将他们能够想到的想法都说出来之后，再把你的方案告诉对方。这样一来，即使是在你比对方级别高的情况下，你也不会给对方施加过多的压力。此外，你的建议应该和对方提出的方案放在一起平等地接受评估，从中共同选定某个方案或综合运用多个方案解决问题。

这个新模型的名字叫作创新教练式辅导模型六步法，其顺序如图 3-2 所示。

STAR 模型第一阶段					最佳方案
陈述事实	界定（新）结果	提问	提供多个备选方案	探讨和评估备选方案	选择和决定
客观地、不做评判地描述情境、任务、行动和结果	讨论并就之前结果的重大修订达成一致意见	征求建议，问对方为了实现期望结果，未来可以有哪些不同做法	问对方为了实现期望结果，还有什么可行方案；提出你自己的建议	共同考虑每个备选方案对最终结果和涉及人士的影响	排除最不可接受的备选方案，缩小选择范围，直到选定最有可能实现期望结果的方案

图 3-2　创新教练式辅导模型六步法

资料来源：比安基和斯蒂尔。

第一步：陈述事实。客观地、不做评判地按照 STAR 模型第一阶段描述情境、任务、行动和结果（造成的影响）。

第二步：界定（新）结果。讨论并就之前实现的重大调整达成一致意见。

教练式辅导提问示例：

"本来可以有什么更好的结果？更好的结果会是什么样的？"

"我们现在需要做到什么？"

第三步：提问。真诚表现出对他人回答的好奇和兴趣，针对过去的行动或行为征求对方的意见，问他未来会有什么不同的做法，会导致什么不同的结果和影响。

教练式辅导提问示例：

"事后看来，哪些地方你可以换种做法？"

"如果同样的情形再次发生，你的做法会有哪些不同？"

第四步：提供多个备选方案。询问接受你反馈的人，还有什么方法能达到令双方均可接受或均能同意的结果；提出你自己的建议。

教练式辅导提问示例：

"为了实现期望目标，你原本还能做些什么"

"还有其他的吗？"

第五步：探讨和评估备选方案，一起考虑每个备选方案对最终结果和涉及人士的影响。

教练式辅导提问示例：

"那样做的话，对我们实现目标有什么帮助？"

"如果我们做这件事，会造成什么影响？"

第六步：选择和决定。排除最不可接受的备选方案，缩小选择范围，直到选定最有可能实现双方均可接受的结果的方案。

教练式辅导提问示例：

"你觉得哪个备选方案最有可能成功？"

"你会选哪个方案？"

运用创新教练式辅导模型六步法的关键成功要素如下：

· 尊重六步法的顺序：我们宁可啰唆一些也要讲清这一点的重要性，那就是在提出并评估备选方案之前一定要界定期望结果。

· 好问题：在恰当的时间问出恰当的问题不但能获得备选方案，而且对评估和选出最佳方案有帮助。诸如"还有吗"之类的问题对拓展思路来说特别重要。

· 专注当下的问题：不要分心，不要离题，这一点很重要。抵制诱惑，不要在讨论中掺杂不相关的事宜。

· 注重关系水平：你必须向对方表明整体解决方法，找到并实现双方均可接受的、或许更有创新性的结果对你们都有好处。

· 让对方安心：记住，一般人不善于表达意见，他们起初可能会有疑虑，不愿意直抒胸臆。你要理解和鼓励他们。

· 坚持到底：刚开始的时候，你鼓励他人做出积极贡献的努力不一定会马上见效。不要轻易放弃，尝试把对方的注意力再次集中到共同目标和长期利益上来。

实践得多了，你和你的辅导对象就会习惯这种反馈过程。

运用创新教练式辅导模型六步法会催生更多不同的备选方案。实际上，你可以用提问的方式让你的反馈对象形成大局思维的习惯。随着时间的推移，他们会知晓你对他们的期望，而非被动等待命令。

CMO 模型第一步

运用创新教练式辅导模型六步法只是供你实践教练式辅导技巧的诸多机会之一。在日常谈话中你也有机会扮演非正式教练，将你们的谈话转变成教

练式谈话。例如,如果有人征求你的意见,或者向你倾诉自己碰到的困难,不要告诉他们应该怎样做,而是有针对性地向他提出问题。我们已经看到,提问能催生多个备选方案,其中的一个或多个方案可能极为新颖、有趣,完全值得进一步探讨,以寻求真正的创新。

我们该怎样定义非正式教练?

一位非正式教练会抓住一切机会进行非正式教练式谈话,克制表达个人观点和意见的冲动,向他人提一些问题,帮助对方独立想出多个备选方案并催生解决方案。

卡罗尔·彭伯顿在《教练式辅导寻求解决方案》(*Coaching to Solutions*)一书中鼓励读者在同他人的日常谈话中把教练式辅导这个工具用起来。她说,非正式教练"脱离于某个问题,能帮助辅导对象从不同的视角看待其所在情境,帮助对方做出正确决策,让对方有行动的动力(彭伯顿,2006,P10)"。

为了帮助你把日常谈话转变为教练式谈话,我们提供一个模型,叫作"针对多个备选方案的教练式辅导模型(CMO)"。我们把 CMO 模型的应用分成了两个步骤。下面我们先介绍第一步,如图 3-3 所示。

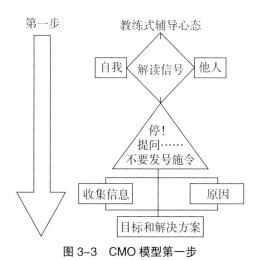

图 3-3　CMO 模型第一步

资料来源:比安基和斯蒂尔。

作为一名非正式教练，你应该知道在什么时机可以开始提问。你应当鼓励自己抓住更多机会，而不是轻易让机会溜走。实践经验多了，你就能识别出一系列来自你本人以及别人的信号和触发因素，察觉到机会的降临。当然，在这之前你要先建立起教练式辅导思维。

为了抓住机会运用 CMO 模型，你该留意哪些信号和触发因素呢？在人们做出选择或决策之际，他们可能会遭遇外部困难或经历各种内心挣扎，因而踯躅不前。他们会感到困惑、不确定或不情愿；他们会需要指导或建议；或者他们就是想听到别人的意见。在某些情况下，他们早已打定主意，知道要做什么，同他人沟通只是为了获得认同。这时候，他们表达观点时会毫不含糊，你可以从他们的非言语行为中察觉出来这些细节。

如果你的直觉告诉你提出解决方案、发表意见、给出建议或指导甚至深度分享你的个人经验时，停！这正是提问的完美时机。通过提问你可以把他人的注意力重新集中起来，让被辅导的一方发挥潜能，自行想出备选方案和最终解决方案。为了成功转换你自己的角色，你不但要让对方重新集中注意力，还要让自己重新集中注意力。这是你们俩共同探索旅程的开端。

在这个阶段，我们建议你把精力集中在三大主要领域——这三大领域各有利弊。

·收集信息：探究问题或议题的背景。

·原因：思考最初是什么引发了问题或议题。

·目标和解决方案：核查目标，提出解决问题或议题的备选方案。

我们现在来看一个根据真实情况改编的案例。为了让你觉得这个案例有意义，有助于你应用教练式辅导技巧，我们特意选择了一个同创意有关的场景。在这个场景里，创新的重要性刚刚被人认识到。这个场景既与创意有关，又与如何扫清创新道路上的障碍有关。创新需要好想法，但如果相关各方拒

绝实施好想法或者不愿意参与实施过程，那么好想法的落地就有难度。制订备选方案、应对实施过程中出现的障碍可能同好想法一样关键，如表 3-1 所示。

表 3-1　　　　　　　　　　CMO 模型第一步中的三大领域

	重要性	提问示例
收集信息 了解同问题相关的事实和证据	+ 全面了解问题。 + 澄清不确定之处。 + 检查和验证事实。 - 有可能信息过载。 - 谈话可能流于表面。	"究竟发生了什么事？" "具体来说，你的意思是什么？" "谁参与了？他们分别做了什么？" "'他们'是谁？" "你已经做了哪些尝试？" "当时造成了什么样的影响？" "你这么说有什么证据？/你为什么会这么说？" "还有别的相关事宜吗？"
原因 探究议题的起源和导致问题的原因	+ 回顾问题的起源，形成新的见解。 + 对动机、技术环节和原因有更好的理解。 + 有机会探索深层次因素。 - 容易导致推卸责任。 - 有可能沉迷于过去而不能自拔。	"是什么触发了这个情境？" "还有什么因素也对目前情况有影响？" "你为什么会决定这样做？" "有哪些因素导致参与者做了这样的事，说了这样的话？" "你觉得这是从哪里来的？" "……的动机大概是什么？"
目标和解决方案 核查目标，提出备选方案，以便采取行动，找到解决方案	+ 核查目标，以未来和解决方案为导向。 + 注入活力，推动事态发展。 + 提供多个备选方案，让人有更多选择。 - 容易在没有完全了解议题之前就偏离方向。 - 你和你的谈话对象并未做好按提议行动的准备，难以全身心投入。	"我们想实现什么目标？" "这样做有什么好处？" "哪些地方可以修改？" "已有哪些备选方案？" "还可能有哪些备选方案？" "你将如何实现期望目标？" "为了实现目标，先要做什么？" "还可以做些什么？" "还有吗？"

资料来源：比安基和斯蒂尔。

来自"试飞员"的建议：艾维塔论 CMO 模型

运用 CMO 模型对你个人成长有很大好处，在与人谈话时，你会更为自信，并逐渐提升自己的领导技巧。它鼓励你站在"局外人"的视角来看事情。这个模型虽然会让你略微走出舒适区，但它很容易上手，多加练习，你就会越来越熟悉这个过程。别害怕——如果这个模型在某个特定情境下没有效果，那就在其他情境下试试。它值得你一试！

——艾维塔·G，某跨国非政府组织的研发主管

蒂姆和克里斯是我们这个场景的主要参与者。他们同在市场营销部工作，但分属两个产品团队。他们之间没有直接领导关系。蒂姆本人早已相信教练式辅导在推动创新中的重要作用。也就是说，他在寻找可以实践教练式辅导技巧的机会。

蒂姆和克里斯常常一起吃午饭。最近，一位市场营销经理找到克里斯，要求他协助举办某个关键产品的店内促销活动。这将是此类促销活动在欧洲的处女秀，如果成功了，该项活动有可能推广到其他地区。目前，克里斯不确定这样的促销是否可行，也不知道它能不能增加价值，但他愿意做一番研究。为了促成此次活动，在行动开始前就制定好指导方针，克里斯明白他得同欧洲区的几个部门磋商。他也预见到，虽然公司日渐关注不同的做事方法，但他仍将遭遇强烈抵制。

接着就发生了以下对话（见表 3-2）。左栏是对话内容，右栏是我们的评论。

表 3-2 　　　　　　　　　　　对话列表（一）

对　话	评　论
克里斯：……我知道我会面临什么困难。生产部的人，特别是弗雷德，要是听说此次活动如此特殊，一定不答应	蒂姆一开始很想分享他自己的经验，但他有意识地将谈话引向了另一个方向。他相信克里斯会提出一些好想法
蒂姆：这是什么意思呢	蒂姆的关注点：收集信息
克里斯：一般来说，要是我们叫他们改变标准程序，哪怕是最简单的改动，都会产生问题	克里斯的回答反映了生产部的行为（抵制），但没有对行为做解释。蒂姆想知道，如果了解了抵制改变的原因，会不会找到解决方案
蒂姆：你觉得这是为什么	蒂姆的关注点：原因
克里斯：在过去，要改变程序，他们就要多干活，而他们觉得不值得	蒂姆能听出来克里斯能设身处地替生产部着想。蒂姆想知道此次新促销活动会不会导致类似的复杂情况出现，从而转移注意力
蒂姆：那这次促销是不是也需要做出大量修改呀	蒂姆的关注点：收集信息
克里斯：我还没把握。这一次促销要在店内做演示，以前从来没有这样的做法，显然标准还不存在。它看似简单，但可能会需要一些技术支持，还有健康和安全问题，因为促销不在厂内进行。我需要跟进	从克里斯的话里，蒂姆能听出来克里斯承认生产部可能会遭遇困难，而且需要后续行动。蒂姆还不清楚这意味着什么，所以暂且搁置这个信息。他想知道克里斯知不知道他的前进方向
蒂姆：那可能是个好主意。不过，先让我问点别的。当初你为什么决定做这个促销	蒂姆的关注点：收集信息
克里斯：嗯，我还没决定要不要做	蒂姆感觉到克里斯还不确定，认识到现在可能是让他认清目标的时候。他提了一个问题，以帮助克里斯界定目标
蒂姆：那你的目的是什么呢	蒂姆的关注点：目标和解决方案
克里斯：总的来说，我认为此次促销是个好主意，我想做。但首先我们要确定它是否可行。这就意味着我需要大家的支持	克里斯看似有决心，但蒂姆想确认这个决心是否足以推动他前进，克里斯是否有克服其他部门抵制的理由
蒂姆：你为什么认为这是个好主意	蒂姆的关注点：目标和解决方案
克里斯：嗯，这对公司来说可能是个大好机会——它会让我们走在前沿，还有希望造成轰动效应，增加我们的销售额	克里斯描述了这次促销为公司带来的明显好处，他为此受到了鼓舞。蒂姆现在把克里斯的注意力转向如何克服其他部门的抵制上来

续　表

对　话	评　论
蒂姆：如果它是个好主意，你打算怎样去说服弗雷德和他部门的人呢	蒂姆的关注点：目标和解决方案
克里斯：问题就在这里。我已经考虑过，要让大老板们参与进来，这样弗雷德就别无选择了	蒂姆制止了自己参与意见的冲动，并计划鼓励他想出备选行动方案，而且目前不急于评估方案
蒂姆：这是一个备选方案。还有别的吗	蒂姆的关注点：目标和解决方案
克里斯：嗯，弗雷德需要我的部门提供一些本地生产线的数据。我可以用这个跟他谈判	蒂姆鼓励克里斯思考替代行动方案——他还是不下判断
蒂姆：好。这是另一个备选方案。还有其他的吗	蒂姆的关注点：目标和解决方案
克里斯：嗯，还有一条经典路径	显然还有一种备选方案，但克里斯犹豫了，于是蒂姆再次转移注意力
蒂姆：你的意思是	蒂姆的关注点：收集信息
克里斯：显然，我得说服弗雷德，让他也意识到这是个好主意，对我们大家都有好处。也就是说，我得安排几次会议，努力让他们都来支持我	克里斯提出又一个备选方案，他将之称为"经典"。基于以往经验，他知道要说服弗雷德很难。蒂姆推动克里斯往深处想
蒂姆：行动中有什么会给他们造成实质影响呢	蒂姆的关注点：目标和解决方案
克里斯（沉吟）：嗯，不好说	蒂姆不放过克里斯，坚持要他继续思考
蒂姆：如果你是弗雷德，有什么能说服你考虑这个促销	蒂姆的关注点：目标和解决方案
克里斯（沉吟）：我猜，如果我觉得这不会增加太多工作量，并且可行，那我绝对会考虑它的	克里斯又提出了一个备选方案，虽说它还没有完全成型
蒂姆：这听起来很有意思。再多想想	对话将在下文中遵循 CMO 模型继续展开

　　在这次谈话之前，蒂姆本来就很想知道，如果他不发号施令，而是多提问，会有哪些好处。在这次谈话中，他做了尝试——这也是我们鼓励所有人去做的。他觉察到克里斯的犹豫，意识到后者需要找个人谈谈。换句话说，蒂姆

认识到这是一次机会，可以让他试着克制自己，通过提问来鼓励克里斯重新集中注意力，自行想出备选方案并选择最终解决方案。在整个对话过程中，蒂姆从未表达过个人意见、提出建议或对克里斯说的话下判断。或许，对蒂姆来说，给出建议或谈谈他自己同生产部打交道的经验会更轻松。但他决定不这么做。克制自己、不打断对方，或许对双方都不容易。这些都需要实践才能做到。一旦蒂姆做到了，克里斯就有机会畅所欲言，不会被最显而易见的备选方案限制住思路。当然，如果蒂姆想提一个建议供他的同事参考，那我们希望他能在觉得自己的建议有价值的情况下才这么做，而且应该等到克里斯已经绞尽脑汁将自己能想到的方案都提出来之后才这么做。

来自"试飞员"的建议：艾维塔论 CMO 模型

人们往往没时间和耐心去收集和处理信息，或没有勇气仔细考虑多个备选方案。人们大多会下意识选择不太会遭遇抵制的、能减轻自己工作量的方案。人们希望由别人来告诉他们该做什么，这样的话他们就不用对结果负责。我喜欢提问而非给出现成答案这样一个概念。我们可以提的最重要的问题是："我们想实现什么目标？"如果我们通过提问让他们想出备选方案来，他们就要对结果负责。

——艾维塔·G，某跨国非政府组织的研发主管

蒂姆提出的各种各样的问题让克里斯有了深思熟虑的空间。大家可以发现蒂姆的提问很自然，语调也符合谈话场景。他没有一字不改地照搬我们的提问示例。我们鼓励你也这样做。请把我们的提问示例作为基础，创造出让你自己和你的辅导对象都舒服的个性化提问风格。

谈话一开始，蒂姆有机会提出了几个有关目标和解决方案的问题。之所

以如此，是因为克里斯的表现说明他愿意探讨潜在备选方案。在现实中，有些人可能还没准备好，不愿意像克里斯那样马上把思路转向目标和解决方案。他们可能需要花更多时间分析原因和收集信息，然后才能考虑目标和解决方案。这时你该怎么办呢？尊重他们的意愿。不要催促，时机成熟后再抛出有关目标和解决方案的问题。

蒂姆提出的有关目标和解决方案的问题，引导克里斯想出了未来行动的若干个备选方案。但这些备选方案为克里斯本人所有。在 CMO 模型第一步的尾声，多个备选方案已经出现。现在，克里斯需要一个计划，先评估备选方案，然后采取具体行动。我们在下文中还会看到克里斯和蒂姆。到时候，我们会一起探讨 CMO 模型的第二步，并揭晓他们后续的谈话。

我们鼓励你寻找实践教练式辅导技巧的机会。在这些场景中，事态发展的结局应该同你没有利害关系。此时，从发号施令转向提问不会那么困难，因为你会像蒂姆一样，觉得克制自己、不给建议没有那么难。

当然，在许多你有机会实践 CMO 模型的场景中，事态发展的结局有可能而且很可能同你有利害关系，特别是在你担任领导或者对方的工作同你的工作有直接关系的情况下。在这些场景中，在引导辅导对象想出备选方案之外给出你自己的建议是完全合理的，因为最终的结果也会影响你，你希望看到成功。不过你要记住，你必须等到对方把所有能想到的方案都提出之后才给出建议，而且在评估阶段，你的建议必须同其他备选方案平起平坐，不被特殊对待。

总　结

1. 作为一位希望推动创新的非职业教练，你需要在日常工作中积极寻找机会，发掘身边人的潜力。最简单易行的教练式辅导实践机会将出现在各种

日常谈话中。

2.给出有效反馈是一项重要活动，有助于创新过程中每个步骤的顺利展开、强化和纠正。关键在于提供反馈的方法要正确。

3.多数传统反馈模型都把反馈给予者的解决方案强加到反馈接受者身上，而创新教练式辅导模型六步法为被辅导者提供了发挥创意的机会，给予了被辅导者自行想出解决方案的空间。

4.CMO 模型是一个非正式但很有效的框架模型，它让你能在日常谈话中运用教练式辅导技巧。建立教练式辅导思维后，你将担当起催化剂和思考促进者的角色。

5.如果你的本能反应是急切地提出你的解决方案、发表你的意见、给出建议或指导甚至深度分享你的个人经验。停！尝试提问吧。

6.CMO 模型第一步引导你和辅导对象共同探索。值得投入精力的三个方面是收集信息、原因（问题）、目标和解决方案（终局）。总体目标是让对方提出他自己愿意探究的多个备选方案。

7.你在日常互动中运用 CMO 模型的次数越多，你对它的价值就会有更大信心，你会用这个工具更好地推动创新。

读完本章，你获得了将你和辅导对象的注意力集中到更多备选方案和更多可能性上的工具，你的眼界和思路都得到了拓宽。你的使命是令迈出的每一步都能产生新的想法。有了这些工具，完成这一使命就会变得很容易。

反思和实践练习

在你的学习日志上写下你对以下几点的反思和回答：

·不要仅仅给出反馈，要鼓励对方自行想出创新性解决方案来。在未来的岁月里，只要有机会，你就应尝试使用创新教练式辅导模型六步法，并在实践之后反思：这对谈话有什么直接影响？你和对方有没有成功地找到不同的做事方法？如果没有，哪些地方可以改进？

·熟能生巧，帮助你建立信心。至少找两个机会来实践 CMO 模型第一步。实践后趁热打铁地写下你提过的问题以及这些问题对谈话方向的影响，这样的问答式对话有没有帮助对方想出备选方案来。

·针对产生影响的提问进行反思。在上述的创新教练式辅导模型六步法和 CMO 模型第一步的实践过程中，你发现哪些问题最有用，哪些问题影响最大？

第四章 \ 强力问题指南

本章要点

本章我们将近距离讨论"提问"这一重要话题及其在创新中的根本性作用。你会发现，了解你所提的每一个问题背后的意图和目的不但可以决定谈话的方向，而且可以决定你会问什么类型的问题、怎么问。我们会同你一起探讨：

· 提问的目的，以及在意图和目的清晰的情况下，你能选择的提问类型。

· 引起共鸣、发人深思的强力问题的特点，以及强力问题在大局思维中所起的作用。

· 如何跟进在使用 CMO 模型第 1 步后提出的备选方案，以及如何运用 CMO 模型第 2 步来选定最佳调查研究方案。

详细阐述问题

在第一章中，我们为你提供了有助于展开创新教练式谈话的提问列表。理解提问的根本要素后，你就能针对自身所处的情境，有的放矢地提出问题。

提问可以被看作是邀请或要求回应的问询。一般而言，提问是通过口头表达的，但身体语言、脸部表情、语调和手势也会发挥作用。回应一般也是通过对话，但也会引发意味深长的非言语回应。以下是提问能起到的一些作用：

· 了解具体信息（"会议什么时候开始？"）

· 澄清、核实理解的问题是否正确（"这个会议主要讨论明年的计划，对吧？"）

· 界定目标（"这次会议我们想实现什么目标？"）

· 试探对方（"你对明年的计划有哪些了解？"）

· 寻求赞同（"你同意这个提议吗？"）

· 探讨备选方案（"还可能有哪些别的选择？"）

· 寻求建议和意见（"你对这个备选方案怎么看？"）

· 事后预测（"要是我们这样做了，会有什么结果？"）

· 质疑假设（"你怎么知道这样做能行？"）

· 决定行动（"我们应该先做什么？"）

上述问题中，针对个人意见的寻求，重点还是在内容本身。不过，提问也可以用来鼓励互动和信息分享（"你们部门是怎么做的？"），或者通过表达对他人的兴趣而建立起人际关系（"在这里工作，你觉得怎么样？"）。

按照不同的语言学方法，问题可以分成不同类别。最常被提及和用到的是以下几种：

· 封闭式问题——通常用"是"或"否"来回答（"你去开会了吗？"），或用于结论简单的提问（"你团队里有多少人？"）。

· 开放式问题——鼓励回答的人给出一个能拓展讨论内容的回复（"你对会议上通过的行动方案有什么想法？"）。

· 修辞性问题——这样的问题往往会由设问人自己回答（"你觉得这样的建议会带来什么影响？好吧，我认为……"）。

· 诱导性问题——它们把你引向设问人想要的方向（"这个团队这次做得很好，你同意吗？"）。

· 假设性问题——它们让你想象一个场景（"如果你是我，你会怎么做？"）。

还有一种嵌入式问题，就是在陈述句中暗藏一个问题，希望对方有所回应。（"我不知道他去了哪里。"）有的提问是不切实际的，也就是说，答案可能很有意思，但不太实用或不重要。（比如"咖啡机应该放在办公室里还是厨房里？""这是个不切实际的问题，因为你想要一台咖啡机的要求已经被拒绝了。"）

各种类型的问题其实在你日常沟通过程中无处不在。早在公元前5世纪，古希腊哲学家苏格拉底就已经发现并有意识地利用提问的巨大效果。我们在日常谈话中的提问通常是即兴的、不假思索的，但苏格拉底不一样，他开发出一套带有意图和目的的提问方法。在运用教练辅导工具和技巧激发新想法和创意时，我们必须高度重视意图和目的。如果你问的问题明确表达出了你的意图和目的，这些问题就是强力问题。在任何谈话中，在你抛出下一个问题之前，先问一下你自己："我希望通过这个问题达到什么目的？"你的答案会给你宝贵的信息，让你知道你是否走在通向实现意图和目的的正确道路上。

苏格拉底式提问

古希腊哲学家苏格拉底常常在雅典街头向普通人发问。他的提问法被称为"苏格拉底式提问法"，他通过提问来验证人们对勇气、美德和友谊等基本概念的定义和信念是否正确。苏格拉底的意图和目的是用逻辑方法对常见信念进行探究，促进学习。提问让苏格拉底探知到这些信念背后的假设，识别出个体思维中的例外和矛盾之处，直到被提问者澄清并修改定义和概念为止。柏拉图的对话《普罗塔哥拉斯篇》（*Protagoras*）引用了苏格拉底的话"我寻找真理的方法是提出正确的问题"。（格罗斯，2002，P47）早在公元前5世纪，苏格拉底就已经开始探究和质疑人们的思维，并鼓励他们自行寻找答案。

问题即答案

诺贝尔文学奖得主纳吉布·迈哈福兹曾说:"从一个人的回答可以看出他是不是个聪明人。从一个人的提问可以看出他是不是一位智者。"

用自己的知识打动别人比较容易,而在恰当的时机用恰当的措辞提出完美的问题,将听者的注意力集中到最值得注意的地方却很困难。通常情况下,提问者和被提问者都能意识到,问题能够为答案指引方向。换句话说,你怎么问,他人就会怎么回答你。

想象一下,彼得想和他的同事汤姆探讨一个新项目在执行阶段出现的延误。彼得问汤姆:"项目没有如期完成是什么缘故?"如果汤姆重点回答原因,而不是解决方案,彼得不应该觉得吃惊,因为他问的就是原因。他的提问把汤姆的注意力引向原因,提示后者给出相关的信息。要是彼得换一个问题:"这个项目如果要加速推进的话,我们能做些什么?"他得到的答复就会不一样。这个提问假定替代解决方案存在,要求汤姆把注意力集中到未来上,思考都有哪些替代方案。值得强调的是,上述两个问题没有对错之分。问哪个问题更合适,要看彼得想实现的目标是什么,或者苏格拉底可能会说:"你的意图和目的是什么?"

意图和目的会影响你提出什么样的问题,还会影响你得到的回答,问的问题不对,你甚至得不到回答!如果开放性问题对讨论更有建设性贡献,而我们却问了一个封闭式问题,结果会如何?反过来呢?

简希望她的下属露西能维护好一个重要的新客户,但她不确定露西是否有信心。简想要和露西坦诚地谈一次。如果她满怀希望地问:"露西,你想接手这个新客户吗?"露西除了说"想"或"不想",还能说些什么呢?这种不得不立即回答的问题会令露西感受到压力。如果简把问题重新组织一下,改成:"露西,接手这个新客户,你有什么想法?"就不一样了。这种提问更开放,

鼓励露西说出心中所想,讨论的空间扩大了。在谈话结束之际,当双方已经讨论过问题的方方面面及其影响之后,再问第一个更为封闭式的问题,就会比较合适。记住,你每次提问时的措辞和所选择的问题类型事实上限定了你所能听到的答案。

了解自己通过提问想实现的目标,不但会决定你的措辞和你的提问类型,还同样能决定伴随提问的非言语沟通。所谓非言语沟通,是指你的身体语言,包括手势、表情、语调和重音。它能改变一个人对问题的解读。因为重音的不同,像"你怎么看?"这样的问题就会有不同层次的内涵。例如,"你怎么看?"(强调"你")跟"你怎么看?"(强调看法)就不一样。只要想一想,这样一个问题背后都会有哪些意图,你就会发现,这个问题的问法几乎无穷无尽:好奇型、质疑型、威胁型、友好型……重音和语调一改,提问人就免不了有意无意地采用相应的身体语言信号。例如,也许你在会上提问的意图是让一个保持沉默的团队成员表态。你问"你怎么看?"时,把重音放在"你"上,语气友善,肢体语言坦诚,满怀鼓励神情,这位成员提出自己看法的可能性就会增加。

以上对提问的详细探讨,对教练式辅导有什么帮助呢?如果你想催生创新想法,就不能发号施令,而应该提问。你提的问题必须是真正的强力问题,意图和目的必须清晰,能引发大局思维。

大问题引发大局思维

提出问题是触发大局思维的关键。例如,在工作场所,如果你想换一种做事方法,别人可能回应说:"我们这里就是这么做的。"大局思维者就会想,为什么不能换种做法?他也会毫不犹豫地问:"为什么你不能换一种做法?"这就是一个强力问题。

强力问题有什么用？强力问题能引起共鸣、发人深思。如果你反问自己，强力问题也能让你深思。强力问题会让我们看到之前看不到的事物之间的关系。这样一来，提问的结果更可能引发变革。这种变革有可能是渐变式的，也有可能是巨变式的。此外，强力问题能克服阻止大局思维的障碍，即我们强加给自己的，或者别人强加给我们的束缚。

强力问题有哪些特点？强力问题必须具有表述准确、及时、相关性强三个特点。

表述准确——措辞是关键

·尽可能把对方使用的关键词结合到你的问题里。这样做能显示出你不但认真听了，而且还很重视对方。在多数场合下，这样做可以对双方关系产生积极影响。例如，如果某人说："我觉得这太难了……"你就可以问："你觉得难在什么地方？"

·用短句、简单句把你的问题表达清楚，这一点很重要。

·一次清楚地表述一个问题，而非连珠炮似的问几个问题。

·在所有可用的疑问词和短语（如"谁""什么""如何""哪里""什么时候"和"为什么"）中，选择最适合你提问目的的词语。

及时——时机把握是关键

时机把握包括几个维度：

·在对方讲完一句话之后再提问。

·从之前的对话中选取重要信息，进一步探讨。

·了解何时根据该信息来行动最为适宜。

·明白什么时候应该问有利于推进讨论的问题，什么时候又该问让人反思的问题。

·采用跟对方相同的步调、节奏和精神状态，令对方放松。

·有意识地改变对方的步调、节奏和精神状态，让对方在必要的时候转移注意力。

·让对方吃惊，做些出乎意料的事，挑战对方。

相关性强——同情境相关的问题才是切题的

·提问者认为，在之前对话的基础上问出这个问题是有道理的。

·提问引发了回应，而且该回应实现了提问的目的。

·提问将对话中的不同元素串联了起来。

·提问引起了对方的共鸣。即便该问题有挑战意味，对方也能接受。

除了上述因素，提问是否能带来重大影响还取决于很多其他条件。自然，提问时的情势和环境起到很大作用。下面几个示例问题在多数情境下都会发挥强大影响，特别适合在你希望激发大局思维的时候使用。

"你为什么会那样说？"

"你还可以有什么不同的做法？"

"是什么让你没有那么做?"

"如果可以的话,你会怎么做?"

"如果……要成功,我们要做哪些改变?"

"如果想取得进展,先决条件是什么?"

"还有呢?"或者"具体来说呢?"

有时候,强力问题甚至算不上真正的问题,如:

"再多说说……"

能实现你的清晰意图和目的的问题才是强力问题。强力问题的类型必须合适,措辞必须恰当,提问的方式也必须恰到好处。需要强调的是,在现实中,如果你对待回答漫不经心,那么任何问题都是不可能强大的。培养高质量的倾听技巧同培养提问技巧一样重要。

还需要补充一点,那就是把握时机的重要性——什么时候提问。不但每个问题背后都要有意图和目的,整场对话也需要实现一定的意图和目的。为此,你可以对所提的问题进行排序。换句话说,你需要一套对话流程。如果没有流程,一些本来很有希望的备选方案可能永远不会被提出来。

CMO 模型第二步

在我们讨论如何运用CMO模型第二步之前,让我们先想想,你从CMO模型的第一步中学到了什么。你有了教练式辅导的思维,你会解读一些信号,知道什么时候该停止发号施令,转而向他人提问。你的提问围绕三个重点:收集信息、原因、目标和解决方案。围绕目标和解决方案所提的问题是第一步的关键,因为它为行动做好了铺垫,而且它帮你找到了备选方案。现在,这些备选方案已经提出来了,我们可以对这些方案进行深入分析。

来自"试飞员"的建议：肯论 CMO 模型

关注流程，而非结果，重要的是你带领对方
进行的这场发现之旅。

——肯·F，某高教机构的 IT（信息技术）

业务关系经理

在 CMO 模型的第二步中，通过强力问题引出对话，进而选出值得进一步调研的最佳备选方案，如图 4-1 所示。

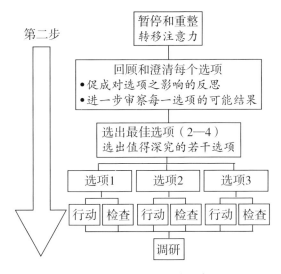

图 4-1 CMO 模型第二步

资料来源：比安基和斯蒂尔。

CMO 模型第二步的尾声是一个调研阶段。在这个阶段，你可以对选定的若干备选方案进行深度探索，以便做出知情决策。为什么我们特别强调要对若干选项进行调研，而不是全力以赴地找出马上可以行动的最佳方案呢？在创新情境下，必须记住，你不但要提出若干个选项，而且希望能找到不同寻常的做法或得到不同寻常的结果。下文中将会为你提供更多的有关调研的详细信息。

为了帮助你理解 CMO 模型的第二步，我们回到第三章 CMO 模型的第一步蒂姆和克里斯之间接下来的谈话上。之前，蒂姆鼓励克里斯提出若干个备选方案。现在，他们的谈话进入了 CMO 模型的第二步（见表 4-1）。

表 4-1   对话列表（二）

对　　话	评　　论
克里斯（停顿）：我想，如果我相信促销可行，而且前期准备工作量也不大的话，我绝对会考虑的…… 蒂姆：听起来很有意思。记住这个想法。在探讨它之前，咱们先回顾一下。	克里斯又给出了一个选项，虽然它还不够完备。蒂姆想要确保这个想法不会被遗忘。因为克里斯已经想出了若干选项，蒂姆觉得该借此机会反思一下截至目前的谈话成果。 重点：暂停和调整
蒂姆：到目前为止，你都有哪些备选方案了？ 克里斯：嗯，我想想……我提到过争取大老板的支持，然后我又想到了"战略勒索"之类的想法……你知道的，就是把他们想从我这里得到的信息作为谈判的筹码……后来我又想到，可以召集所有人，我给大家介绍一下促销的好处…… 蒂姆：……别忘了最后一个想法，就是向他们证明促销是可行的，并比他们想的要简单。	在蒂姆的提示下，克里斯总结了他记得的备选方案，蒂姆会帮他拾遗补缺。 目的：总结
蒂姆：这样，总共有四个备选方案。咱们一个一个看下来。让大老板参与进来的好处和坏处都有哪些？ 克里斯：这样的话，行动肯定会更快，但我能想象弗雷德不喜欢这样。他也许会认为我越级了。事实上我也的确越级了。	蒂姆鼓励克里斯从头重温每一个选项，旨在让克里斯权衡一下优缺点，好对下一步该做什么有更清楚的认识。 目的：回顾
蒂姆：那又会怎样呢？ 克里斯：他会照做，但我肯定没法再跟他做朋友了。	蒂姆想要克里斯考虑选项 1 的可能后果。 目的：澄清
蒂姆：好吧，那第二个备选方案呢？结果会怎样？ 克里斯：嗯，现在想起来，这大概不是个好主意。它比找大老板还糟。	蒂姆鼓励克里斯重温选项 2。 目的：回顾

对　话	评　论
蒂姆：为什么？ 克里斯："勒索"有点过分。结果诱人，但太短视。下次我再想从弗雷德那里弄点什么，他大概会以牙还牙。最好还是不要冒险毁掉我们之间的关系。	蒂姆想要克里斯考虑选项2的可能后果。 目的：澄清
蒂姆：有道理。那么做个有关促销益处的发言呢？ 克里斯：这建议听起来不错。我们做决策一般都这么操作，也符合所有人的期望。不过，不能打包票。	蒂姆鼓励克里斯重温选项3。 目的：回顾
蒂姆：你这话是什么意思？ 克里斯：我可以花点时间和精力好好准备一大堆幻灯片，说明应该搞促销，但弗雷德和他的团队完全可以反驳我。如果讨论失败，我可能到头来一切都白忙了。	蒂姆想要克里斯考虑选项3的可能后果。 目的：澄清
蒂姆：那你的最后一个想法怎么样？ 克里斯：嗯，如果我能向弗雷德和他的人表明，这次促销其实没他想的那么花力气，可能比较容易说服他们。	蒂姆鼓励克里斯重温选项4。 目的：回顾
蒂姆：你会怎么做？ 克里斯：好问题。我还真不知道。也许会在工厂里给他们做个演示。我得再想想，研究一下。	蒂姆想要克里斯考虑选项4的可能后果。 目的：澄清
蒂姆：那好，根据你刚才的分析，每个选项都各有利弊。哪个你更喜欢？ 克里斯：我挺喜欢做演示的。发言可以一试，而且我无论选哪个大概都得发一次言。我觉得"勒索"就算了吧。但争取大老板的参与这个方案可以备用，以防万一。	蒂姆提示克里斯选出他偏好的备选方案。 目的：选出最佳方案
蒂姆：好吧，那你接下来会做什么？ 克里斯：我要先做些研究，看看演示是否可行。同时，我可以定一下开会和发言的日期。	蒂姆想让克里斯在结束谈话后有一些明确的行动打算，向最终行动方案再推进一步。 目的：行动检查
蒂姆：还有吗？之前你说过，要研究一下技术方面的要求，还有健康安全方面的考虑…… 克里斯：这当然是我研究的一部分。	蒂姆有意识地收尾（克里斯在之前讨论里提到过这一点）。 目的：行动检查
蒂姆：我觉得这是一个很棒的计划。	交流结束时，克里斯已经弄清楚了自己倾向的方案，知道自己下面该做什么。

蒂姆在 CMO 模型第二步里做了什么？他有一个明确的目标，那就是帮助克里斯选出最佳选项，以便进行调研。事实上，几个选项一抛出来，CMO 模型的第二步就开始了。为了确保这些选项不会在对话的过程中湮没，蒂姆特意暂停并进行了调整，然后提示克里斯总结所有选项。接着，蒂姆审时度势地问出强力问题，让克里斯逐一回顾每个选项。此外，为了鼓励对每一个选项的深度探讨，他还问了一个旨在澄清的问题。克里斯在他的要求下，必须选出最佳方案，并且思考要采取哪些具体行动，以便进入调研阶段。

来自"试飞员"的建议：艾维塔论 CMO 模型

这个模型让你既参与谈话，又把重点集中在对方身上。对方会注意到这一点，并且心存感激。还有一个好处，这个模型可以分几次、通过不同方式使用。例如，你可以通过电子邮件往来收集信息，两天后见个面，然后调整，下周再想出多个选项。本书中的谈话就是很好的样板。

——艾维塔·G，某跨国非政府组织的研发主管

我们现在来探讨一下，蒂姆在谈话的每个阶段的意图和目的，以及他的提问是怎么为目的服务的。

暂停和调整

·怎么做：

CMO 模型有意控制参与者叫停谈话，转移注意力。这让谈话的另一方有机会调整思路，为下一个问题做好准备。

·怎么说:

"咱们回顾一下,怎么样?"

"这个话题先到此为止,咱们先回到……"

总结

·怎么做:

CMO教练明言鼓励对方总结到目前为止已经想到的所有备选方案,以确保没有一个选项在谈话中被遗漏。另一种方法是由CMO教练来总结所有选项。这在对方列举选项离题时、遇到问题时或者需要支持时十分有用。

·怎么说:

"到现在为止,你都有哪些备选方案?"

"让我来总结一下你已经想到的备选方案……"

回顾

·怎么做:

CMO教练请谈话对方逐一回顾每个选项,考虑它们的可能后果及优缺点,并确保没有漏掉任何选项。

·怎么说:

"咱们一个个地看每个备选方案。……的好处和坏处都有哪些?"

"下一个备选方案呢?结果会怎样?"

澄清

·怎么做:

CMO教练鼓励对方深入探究每一个选项,以确保不遗漏任何重要信息。他会打破砂锅问到底,让对方澄清细节。

・怎么说：

"那会意味着什么？""你为什么会那么说？"

"你能具体展开一下吗？""在这个方面，你具体有哪些想法？"

选出最佳方案

・怎么做：

CMO 教练明言邀请对方选出值得进一步调研的最佳方案。不过，他也不一定摒弃目前看来不是特别突出的选项。

・怎么说：

"根据你前面的说法，你更喜欢哪些选项？"

"在这么多选项里，哪些是你想进一步研究的？"

行动检查

・怎么做：

CMO 教练用行动检查提示对方设计后续行动步骤，思考该做些什么来过渡到正式调研阶段，对最佳方案进行评估。

・怎么说：

"那么你接下来会做什么？"

"你还需要做什么？"

CMO 教练扮演重要角色。谈话伊始，对方可能还不确定接下来该做什么，但是他带着明确的目的。教练提出的问题必须具备表述准确、及时、相关性强的特点。它们不但能推动对话，而且能推动思考流程，对运用 CMO 模型第一步之后想出的最初备选方案做进一步探讨。在辅导结束后，接受教练式辅导者对各备选方案以及如何进一步调研有更清楚的理解。CMO 模型到此结束。

来自"试飞员"的建议：肯论 CMO 模型

把模型放在你面前——这个办法真的有用，尤其是刚开始的时候。

——肯·F，某高教机构的 IT 业务关系经理

来自"试飞员"的建议：埃瓦尔德论 CMO 模型

这个方法很有道理。我真希望当时把它用在我们的一个实习生身上。他很有创意，但我们很草率地否决了他的想法，因为我们觉得它们太复杂，太不实用。要是我们当时花点时间，向他提一些高质量的问题，一起探讨他的真实想法，也许我们会发现有价值的东西。

——埃瓦尔德·E，CERN（欧洲核子研究组织）电子工程师

总　结

1.学习提问的基本常识非常重要。它能帮助你提高构建和设计问题的技巧，让你能更好地应对自己所处的创新情境下涌现的问题。

2.提问能实现若干不同目的。问题也有若干类型，提问鼓励互动和信息共享、培养探索精神。

3.问题的类型和设计可以带给对方提示，让对方了解谈话的走向，一般来说，对方的答案方向也因此受到限定。换句话说，你问什么，就会听到什么。

4.如果你的总体目标是激发创意和创新，那么你就需要意图和目的明确的强力问题。强力问题具备表述准确、及时、相关性强三个特点，并且有正

确的非言语信号做支持。

5.强力问题是激发大局思维的关键。它让人了看到以前没看到的事物之间的关联，它们更可能带来变革和不同的做事方法。

6. CMO 模型第二步的目的是进一步探讨第一步想出的解决方案，发现最佳方案，以便进入调研阶段，而不是只想到一个想法就行动。

7. CMO 教练用强力问题帮助对方回顾和澄清每一个备选方案，思考它们各自的影响，权衡利弊。

为了提出各种可能性，开拓思路，必须在恰当的时间用恰当的方式问出恰当的问题。这一点怎么强调都不过分。如果你花时间和精力去练习提问技巧，当你需要推动创新活动时，效果就会显现。

(反思和实践练习)

在你的学习日志上写下你对以下几点的反思和回答：

·思考一下别人向你提出的问题所造成的影响。选择你明天或后天将会进行的三场谈话，注意对方问了你哪些问题，事后在学习日志上记下来。这些问题对你和你们之间的谈话有什么影响？哪些问题效果比较好？有没有什么问题是你希望对方能换种问法问的？如果有，该怎么问？

·实践 CMO 模型的第二步。在接下来几天里，找两个机会实践 CMO 模型第二步。理想状况下，尝试寻找一个不影响你利益的机会和一个与你利益相关的机会。这样一来，你对模型的运用会有不同吗？如果有，怎么不同？

·引发大局思维的强力问题。在讨论引发大局思维的强力问题时，我们提供了一个强力问题示例列表。在时机合适的情况下运用这些问题，并记录影响和结果。

第五章 \ 专注倾听，推动创新

本章要点

　　本章将讨论听、倾听和专注倾听之间的差别。更重要的是，本章与其他章节有所不同。单单阅读它还不够，你还必须全力以赴地投入到自学计划当中，关注并改进自己的倾听技巧。这样你会发现：

　　·没有专注倾听，就不可能从谈话中提取重要信息，看出不同事物之间的关联，遑论创新。

　　·在深入了解倾听高手的做法和倾听的好处后，你会深受鼓舞，愿意通过专注倾听来鼓励并应用好想法。

　　·如果你积极实践专注倾听的关键技巧，你就会成为创意催化剂，你的创新推动能力就会得到增强。

专注倾听，推动创新的优势

　　如第四章所述，通过教练式辅导技巧来推动创新的进程中，提问是关键。此外，强力问题必须具备表述准确、及时、相关性强三个特点。该章还强调，一旦你对回答漫不经心，问题就不再强大。现在，我们来深入讨论什么叫作

"专注"，以及听、倾听和专注倾听之间又有哪些差别。

听是一个生理过程。它多半是被动的、下意识发生的，但幸运的是，你有时候可以过滤掉你不想听的东西、忽视它们。倾听不一样，它主动选择要听的结果。专注倾听则意味着，倾听已经成为你性格特点、行为方式、沟通和互动方式中不可或缺的一部分。专注倾听要求你将观察能力发挥到极致，把感官都调动起来，而不是简单地用耳朵听，这样你才能够全面感知身边的一切。在第一章里，我们提到过，能敏锐观察到些微细节的能力是创新者具备的一个重要技巧。正因为有了这种技巧，创新者才能认识到事物之间的关联，或者在头脑中建立起事物之间更好的关联。这种联想能力带来洞见，然后催生不同的做事方法。（戴尔等，2009，P64）

麦德琳·伯利 – 艾伦在《倾听：被遗忘的技巧》（*Listening: The Forgotten Skill*）一书中指出，倾听有三个层次。第三层次的倾听最不在意对方说了些什么，因为我们把关注焦点集中在自身和自身的利益上。在此种情况下，我们往往对谈话漫不经心，忽视对方所讲的内容而专注于寻找插话的机会，好表达自己的意见。第二层次的倾听能听到对方说的话，但理解很肤浅。我们关注对方说话内容中的逻辑元素，却无视对方的情感和言外之意。这种情况下的误解常常发生，因为倾听者的关注程度还停留在表面。第一层次的倾听要求你更积极、更投入，站在对方角度感受问题，而且还要留意到对方沟通方式的各个方面，包括身体语言、情绪、想法和意图。第一层次的沟通不带主观判断，努力从对方的视角看问题。（伯利 – 艾伦，1995）

实质上，这个技巧就是你已经听说过的积极倾听。该技巧对倾听者有几个要求，它鼓励倾听者向对方提供反馈，复述、改述并总结所听到的信息。其目的是为了确认听者不但听见了，而且听懂了。此外，积极倾听还强调听者应当有为对方服务的思维，展现同理心，把自己的想法放到合理位置上。听者还得注意自己发出的非言语信号，让对方放心地看到，自己真的是全心全意在听。

一般来说，如果你想改进自己的积极倾听技巧，就要多实践，还要培养复述、改述和总结的技巧。同所有新技巧一样，积极倾听也可以熟能生巧。此外，你必须有意识地尝试，遵循积极倾听的各个步骤。随着时间的推移，你会看到成效，尝到甜头。到时你会发现应用那几个步骤将不再费力，并真正看到它的价值。从此，积极倾听将不再是你的一个技巧，而是一种你已习惯的工作方式。这时候，积极倾听的效果会好得多。我们把这个过渡称为从积极倾听向专注倾听的转变。倾听成为一种心理状态。

我们在第二章介绍教练式辅导思维时解释过，采用教练式辅导思维，你就为他人创造了深入思考和表达的空间，说明你看重他人的建议和意见。评估他人想法的最好方法就是在必要的时候专注倾听。正因为如此，专注倾听才是教练式辅导思维不可或缺的重要组成部分。在倾听时给予恰当的关注是一种"承诺和赞美（麦凯等，1995，P6）"，也是你对他人想法的好奇心和兴趣的体现。

在你专注倾听时，你高度专注于身边的一切，全心全意地投入到谈话中。这意味着什么呢？

·在对话时，你完全专注于当下的谈话，全身心地投入，但是要保持从不同角度观察这一讨论的客观能力。

·清空自己的大脑，把先入为主的看法和成见通通甩掉，但同时，要保留批判思考的能力，牢记自己的意图和目的。

·既听对方说的话，又注意对方的语气，努力理解对方的利益点、意图和视角。

·你会反思、会总结对方的话，证明你不但听了，而且听懂了。

·你不仅是对方了解自己观点和想法的对象和渠道，还是催化剂，因此你要积极提问、挑战对方，推动谈话的深入。

·既要发表自己的意见，还要留出足够的沉默时间让对方思考，掌握好两者之间的平衡。

·密切关注所有可用信号，用它们引导你的提问角度和意见，让你的提问更切题、更适时、更精心。

·察觉你的非言语信号对对方的影响，了解它对谈话走向和基调的影响。

·在讨论的所有阶段，你都要明确自己的目标，并有意识地按目标来调整你的非言语交流方式。

每当你产生一个想法时，同事都能用这种方式倾听，结果会怎么样？在现实中，人们的遭遇往往恰恰相反。你的话里可能包含着一颗绝佳创意的种子，但你却往往连开口的机会也没有，甚至还被人嘲笑。在这种情况下，会产生三重负面影响：

首先，你的情绪会低落下来（失望、沮丧、感到被轻视、愤怒……），这会令人干劲不足，工作效率低下。其次，你在未来提出新想法或表达自己的看法前，难免会犹豫不前；并且觉得鼓励创意的氛围被破坏了。最后，你最初的那个好想法将会完全被湮没，谁都不再尝试去开发它，令它变成一个有用的创意。

另外，专注倾听可以给人带来多重回报，而如果没有专注倾听，就无法在公司营造创新创意文化，创新所需的土壤也会不存在。

因此，我们真挚希望你专注于倾听的能力，为此，我们设计了一个 7 日方案。在专注倾听 7 日方案实施之前，请首先预习，并使用学习日志。你会发现，按7日课的流程一步步走下去，练习的效果会非常好。曾有"试飞员"自愿尝试过这个计划。他们认为这个计划相当灵活，便于在日常工作和生活中穿插练习。有些"试飞员"在日程空闲时严格执行了这个7日计划，因此完成得比较快。有些"试飞员"则将练习分摊到比7天更多的时间里去执行。他们一致认为，不管如何执行，执行一遍这个计划好处很多，其优势都非常明显。

来自"试飞员"的建议：埃琳娜论专注倾听7日方案

在执行计划之前，通读一遍全文，这样你就可以事先估算好所需时间。这7天中有2天学习任务稍微轻一点，而有些日子则需要增加学习时间才能完成。如果你和搭档一起做练习，计划各种活动时就要让对方参与进来。要选好搭档。一定要确保你和对方在一起能合作顺畅，这样才便于共同尝试各种不同工具和技巧。

——埃琳娜·Z，某政府组织项目经理

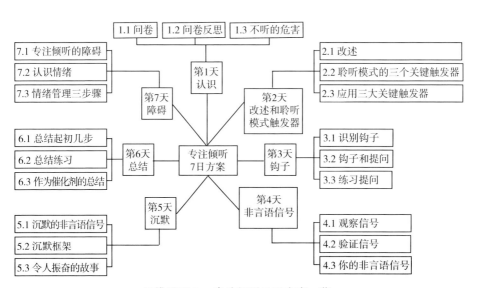

思维导图2：专注倾听7日方案一览

专注倾听 7 日方案

第 1 天：提升你的认知

在第一天里，我们希望你深入认识你的倾听方法。请完成下面的自我认知问卷（见表 5-1）。在学习日志上记下你的心得。

表 5-1　　　　　　　　自我认知问卷

请对下列陈述做出评价：

（a）评价表

	强烈反对	反对	一般	同意	强烈同意
1. 擅长倾听同擅长发言一样重要					
2. 我在倾听时会同对方有眼神接触					
3. 如果我有话要说，我一般会打断发言人					
4. 我很容易就能抓住别人说的话里的重点					
5. 我在倾听的时候很难保持客观，或者把情绪同事实区分开来					
6. 别人跟我说话的时候，我常常在想别的事					
7. 努力听懂别人的话对我来说很重要					
8. 在别人同我说话的时候，我在想接下来自己该说什么					
9. 我常常改变话题，以便讨论我认为更重要的事					
10. 沉默让我不适					
11. 我时常复述对方的话，以确保我真的理解了对方的意思					
12. 我往往对别人的话感兴趣					
13. 在别人说话的时候，我既听他们说的话，也观察他们的说话方式					

	强烈反对	反对	一般	同意	强烈同意
14. 非言语信号（语调、姿势、手势、表情）对信息的接收和理解有重大影响					
15. 在别人表达出强烈情绪时，我不知该怎么回应					
16. 我积极运用非言语信号来证明自己在认真倾听					
17. 我对别人说的话进行反思和回顾，以便证明我认真倾听了					
18. 我经常对别人说的话下评判					
19. 如果我没听明白，我会通过提问来让自己明白对方说的话					
20. 我让对方表达情感，但不予评论					

（b）分值换算表

问题序号	强烈反对	反对	一般	同意	强烈同意	我的得分
1	1	2	3	4	5	
2	1	2	3	4	5	
3	5	4	3	2	1	
4	1	2	3	4	5	
5	5	4	3	2	1	
6	5	4	3	2	1	
7	1	2	3	4	5	
8	5	4	3	2	1	
9	5	4	3	2	1	
10	5	4	3	2	1	
11	1	2	3	4	5	
12	1	2	3	4	5	

续　表

问题序号	强烈反对	反对	一般	同意	强烈同意	我的得分
13	1	2	3	4	5	
14	1	2	3	4	5	
15	5	4	3	2	1	
16	1	2	3	4	5	
17	1	2	3	4	5	
18	5	4	3	2	1	
19	1	2	3	4	5	
20	1	2	3	4	5	
					我的总分	

资料来源：比安基和斯蒂尔。

结果分析：

80~100分：你不但倾听，而且积极倾听。真棒！

60~80分：你有较好的倾听技巧。你可以考虑能在哪些方面更上一层楼。

40~60分：你的倾听技巧需要提高。你需要更积极地倾听，把更多注意力集中在对方身上。

20~40分：你不擅长倾听。很显然，你需要培养倾听技巧、推翻你原有的对沟通中倾听重要性的一些基本假设。

现在，请根据自我认知问卷的结果，花几分钟时间再读一遍问卷，思考一下之前自己给出的答案。然后在学习日志上回答以下问题：

A. 你觉得自己在倾听的时候有哪些地方做得好？

这些是你在倾听方面的长处。继续保持并再接再厉。

B. 为了成为更好的倾听者，你应在哪些方面做出改变？

这些是你需要培养和改进的倾听技巧和行为。

> ### 来自"试飞员"的建议：埃琳娜论专注倾听 7 日方案
>
>
>
> 我对自己在倾听方面的弱点早有猜测，而这个问卷证实了我的猜测。我不太清楚的是如何克服这些弱点，而 7 日方案给了我极有价值的建议，教给了我有用的技巧。
>
> ——埃琳娜·Z，某政府组织项目经理

即使你没有特意去倾听，也总能在不经意间听到些什么：鸟鸣的声音、汽车从打开的窗前驶过的声音、复印机的声音或其他背景噪声。你不太会注意到这些声音，除非它们吵到了你。你可以选择过滤掉这些噪声，或者简单地适应它们。然而，人际交流时传递的语言并不是噪声。假设你花一天时间屏蔽所有语言，结果会如何？

对双方来说，有意识地不去听会是一场"休克治疗"。想象一下，你的同事，甚至是你的上司想同你交流，而你根本不听。你不但屏蔽了他们的言语，你的行为举止也传递了你的态度，如果你同对方没有眼神交流，只低头处理办公桌上的文件，直接忽视对方的话，会有什么后果呢？要是别人这样对待你，你会有什么感受？

今天，我们要求你最先做的事情之一就是花点时间想一想，如果你决意不听，会造成哪些现实的影响和后果？在今天结束之前，请你回顾并选出你所经历过的三场一般性谈话。回忆一下每场对话的内容，写下如果当时你决意不听，会有什么影响或后果。

在你的学习日志上，针对这三场谈话，列出以下三个要点：

·你在和谁谈话？

·谈话的主旨是什么？

·如果你决意不听，你会承担什么后果？

在第1天的最后，你需要反思的是要学会筛选更重要的谈话，深化自己对不倾听的后果的认识，并认识到该听却不听的后果。

第2天：触发倾听和改述的能力

在第二天里，我们希望把注意力集中在专注倾听者的素养和行为细节上，并鼓励你实践一些对专注倾听而言至关重要的具体技巧。

来自"试飞员"的建议：查理论专注倾听7日方案

要诚实，别想走捷径，否则，你唯一能骗到的就是你自己。

——查理·L，公司总监

1. 改述

想想你经常同哪些人沟通。你倾听的投入度取决于情境和一系列因素。事实上，你对谈话的关注程度是你有意选择的结果。如果你想证明你在积极倾听，改述就是一个好办法。我们对改述的定义是：在对方需要你复述内容以确认你真的理解他的意思时，尽可能运用对方的原话。

改述的目的是让对方放心，让他知道你认真听了，而且听懂了。如果你有误解，在改述的过程中可以得到纠正。发言人也因此有机会反思和琢磨自己刚说过的话。此外，因为我们思考的速度比说话快，所以在改述的同时我们可以前瞻性地思考一下接下来最好怎么谈。

为了保证改述的质量，你必须关注对方说了些什么。这样一来你的倾听质量就提高了，谈话的深度和丰富性也得到了加强。改述看似拖慢了谈话进展，但其实并非如此。因为改述创造了双方反思的机会，能带来思考的飞跃

和新想法的产生。

　　对大多数人来说，改述不是谈话的有机组成部分，而且也往往不必要。改述太多容易给人留下不自然的印象，还会惹人生厌。不过，如果你经常练习，你的改述就会变得自然，质量也会比较高。这时你就会尝到改述的甜头。

　　　　原话："你知道，我刚向我的经理汇报，要求增加我负责的项目的预算，但很不幸，被他否决了。这太让人沮丧了，因为我没办法再招一个人来做数据分析，我实在不知道该怎么办……"

　　　　改述："你刚才说，你很沮丧，不知道该怎么办，因为的你经理拒绝给你增加预算。这样一来，你就没办法多招人。"

　　从这个例子你可以看到，改述的内容比原句要短。它忠于事实，没有过度阐释。它表明改述者已经体会到了对方所表达的情感，而且还沿用了对方的措辞。当然，时态和语序在改述时发生了变化。

　　你可以用以下句型尝试改述：

　　·"你刚才说……"

　　·"听了你的话，我认识到以下几点……"

　　·"如果我没理解错的话，你的意思是……"

　　改述练习 A：

　　在你的学习日志上改述下面几句话。

　　　　原句 1："苏刚才告诉我，从下个月起，开发票的流程有变。我们要在下周末前通知所有相关人员。我们一下子多了好多工作，因为我们要通知所有供应商，还要让所有内部人员都知道这个变动。"

改述：_____

_____

原句 2：“去年公司年会是在圣诞节前夕开的。我听说今年的年会他们计划改到夏天，好在户外举办。我不确定这个变动大家是不是都能接受。我在想，要不要发一封电子邮件给人力资源部，提醒一下他们？”

改述：_____

_____

我们的参考改述文本可以在附录 II 里找到。当然，改述的方法不止一种。请从内容和长度两个方面权衡一下。

改述练习 B：

请一位朋友或同事给你讲个故事，并告诉他们这是给你做改述练习用的。改述完成后，请他们判断一下你的改述同他们的原意是否吻合。如果不吻合，就再练习，直到他们觉得满意为止。

2. 倾听模式的三个关键触发因素

是什么让你专心倾听到能够有效改述的程度？之前我们提到倾听是一个主观选择。我们都曾经有过“故意不听”的经验。出于种种原因，我们有时候会屏蔽别人的话。我们有意无意地做出评判，认为某人、某内容不值得我们倾听。“故意不听”可以帮我们节省一些精力，让我们不受太多在我们看来没有价值的细节或信息的拖累，但它也可能限制我们的机会。有时候，因为你“故意不听”，一些重要的、值得跟进的线索就断了。

在工作场所，故意不听某些谈话的风险是可控的。但如果你的目标是创建大局思维的环境，那你一定不能屏蔽他人的话。屏蔽导致你无法改述，没有改述，与之伴生的思维飞跃和创意也就不存在了。

来自"试飞员"的建议：简论专注倾听 7 日方案

我教客户学习语言，我每天都必须高度专注地倾听客户的话，但我会过滤掉许多信息，只对某些特定信息感兴趣。这个计划帮助我拓宽在其他场合下倾听的关注范围。

——简·H，企业培训师

下面的提问会帮助你寻找哪些因素影响了你倾听的专注程度和质量。

（1）选择三个你经常与之交流、你一般会认真倾听他说话的人。在你的学习日志上写下为什么你能认真倾听这三个人说话。

（2）根据你的回答，反思以下问题，看看你是否能找到一些规律。

①这些人是不是都来自你生活中的某个圈子，比如同事或家人？

②你注意听这三个人讲话，是否存在一些共同的理由？

③你还注意到了什么？

你从这些规律中发现了什么？也许你已经发现，你认真倾听的对象往往来自工作圈之外。或者，你认真倾听的对象还包括你的上司或一个你信得过的同事。你可能还发现，你认真倾听的对象有一些共性，比如说他们都是你在意的人、信任的人或尊敬的人。简单来说，你重视他们。有时候，你更看重的是谈话的内容，而不是说话的人。在这种情况下，你认真倾听的动机同你个人的利益有关。当然，认真听讲的另一个可能动机是你想避免不听的不良后果。例如，如果你不认真倾听顾客的要求，你怎么能和他成交呢？

我们希望你已经发现专注倾听模式有三个关键触发因素：

·你看重说话的人。

·你看重你的利益。

·你想避免不良后果。

如果你能严格要求自己，在重要的、有助于催生新想法和大局思维的谈话中应用这些触发因素，你倾听的专心度就能增强，你就不会轻易分心。

3. 应用三大关键触发因素

今天的最后一项活动是再练习一次改述。不过，这一次要选一个你以前很少听得进去其谈话的人。如果你觉得为难，不妨先试试下面这个想象技巧，做个热身。

热身：

·想象一下，你做了三件外套，每件外套的面料里都分别织进了一个触发因素，它们是你看重说话的人、你看重你的利益、你想避免不良后果。

·每件外套的颜色和材质都不一样。

·轮番穿上每件外套，先穿"你看重说话的人"外套，再穿"你看重你的利益"外套，最后穿"你想避免不良后果"外套，体会一下感受。

·你一旦穿上某件外套，就得摒弃其他所有想法，只留下这件外套所蕴含的属性，即便这个属性不全是真实的。例如，如果你穿着"你看重说话的人"外套，那你的行动和态度就必须表现出对别人的重视。

·在开始谈话前，先决定要穿哪件外套。说不定，你需要穿不止一件外套。

谈话后：

对谈话进行反思，特别要想一想，你穿上的外套对你的倾听质量和改述能力有什么影响。

第 2 天的反思：改述练习做得越多，改述的难度就越低。在通往专注倾听的旅途上，尽可能多找一些练习机会，既要在你本来就会认真听讲的谈话中练习，也要在考验你耐心的场合练习。

第3天：找准下一个问题钩子

第3天的活动中，我们要把专注倾听和有效提问衔接起来。强力问题具有表述准、及时、相关性强三个特点。知道在什么时候问什么问题、在什么时候用什么方法来表述问题是你围绕创新进行教练式辅导时所需的关键技巧。不过，除了技巧，联想和直觉能力的培养也很重要。寻找钩子能帮你培养这种能力。

钩子要在谈话对象对你说的话语中找。如果你知道如何识别它，这项工作将十分容易。钩子是关键的、有价值的原材料，让你能紧随其后抛出一个强力问题。它在提高你提问的适时性和切题性方面特别有用。钩子往往是一个单词或一个词组，但它也可能同强调该钩子的非言语信号一起出现。要是你不能集中注意力专注倾听，这些钩子就会从你身边溜走，你就错失了连点成线、找到事物背后关联的机会。

要是有人对你说，"这个新数据库折腾死我了"，而你想就这个话题同他进行一番探讨，他说的话里会有哪些信息可以为你所用、能启发你提问？上面这句话其实存在好几个钩子：发言者经历了什么、发言者经历的对象（这个新数据库）、发言者的体验。

如果不考虑此次谈话的情境，也不考虑这段谈话之前还谈了什么，仅把上面这句话看作我们唯一的发问线索的话，我们可以根据三个钩子问出三个探究性问题来：

"到底它怎么'折腾'你了？"

"你说的是哪个数据库？"

"你说的'折腾'是什么意思？"

如果以这一句话作为发问的依据，那么这三个问题都是合理的探究性问题。在判断究竟哪个问题才是关键问题时，我们还必须考虑对方发出的非言语信号，如语调、重音落在哪个单词上和对方说话时的表情。

每个问题都会把谈话引向不同的方向。你在考虑了各种因素之后，可能会决定抓住一两个钩子，并根据对方的回应进一步探究。眼前的重要任务在于学会识别钩子并认识钩子的重要性。

来自"试飞员"的建议：简论专注倾听 7 日方案

实践过这个计划之后，我将会进行更多的回顾和反思，而不是急匆匆地前进。我会更多地理解，更多地运用沉默的方式解决一些问题。

——简·H，企业培训师

1. 识别钩子

找一段供公众收看或收听的访谈。这段访谈可以是新闻特写、政治访谈、脱口秀等。

·仔细观察，注意谈话人都说了些什么。

·在纸上记下你识别出的钩子。

·如果你是采访人，在你实际提出的问题中，对于哪些问题，你会使用你发现的钩子？

·再次收看该访谈。判断一下，如果你真的提出了这些问题，访谈会受到什么影响。

2. 识别能引发提问的钩子

现在，你对如何识别钩子有了一些体会。接下来，我们希望你在真实情境中试一试。

选定你今天参与的一场谈话，认真听，观察相应的非言语沟通，实时地识别其中的钩子。把钩子融入到你的提问中，探究不同的提问会把谈话引向何方。

最好先选一场一般性的、结果不太重要的谈话来做这个练习。因为在这种情况下，如果你选定的谈话方向并不恰当，把谈话引进了死胡同也无伤大雅。

注意，即便是重要的谈话也不免进入死胡同。不过，不要因噎废食，继续探究和试验。就算无功而返，你也可以回到原点，运用另一个钩子，把谈话再次引向另一个方向。

练习之后，反思一下你所识别的钩子、你的提问和提问后谈话的走向。

·哪些钩子把谈话引到了你希望的方向？

·哪些钩子把谈话引到了出乎意料的方向？

·在整场谈话中，你尝试的谈话方向有用吗？为什么？

3.识别钩子，练习提问

下面的两个场景中都有两个人就某项事宜展开讨论。甲的陈述里包含几个钩子。

（1）假设你是乙，根据你所识别的钩子至少提出三个问题。

（2）假设你的意图和目的是找到若干个潜在解决方案，你所提的三个问题中哪一个最有可能见效？

（3）如果这三个问题均无法实现你的意图和目的，你还可以提出哪些问题？

场景1：甲说："我们会想念玛格丽特的……这会对我们的工作造成相当大的影响。"

你的提问：

_____

_____

_____

场景 2：甲说："真是不公平，他曲解我的话……我都没机会讲述我的观点。"

你的提问：

_____

_____

_____

第 3 天的反思：现在，你对钩子和钩子引发的提问有了更多了解，你应该积极地、有意识地在你所参加的谈话中寻找钩子。这会培养你的联想能力和直觉。渐渐地，它会成为你的第二天性。如果你的意图和目的是驱动创新，那么你已经准备好了。

第 4 天：非言语信号的重要性

专注倾听旅程的第 2 天和第 3 天关注的是对方的措辞。你学习了如何根据对方的话来改述、来反思回顾谈话的主要内容，你还培养了积极、有意识地寻找钩子的能力。然而，沟通并不局限于语言沟通。你显然已经认识到，身体语言、表情、手势、姿势、语音和语调在沟通中均扮演着重要角色。因此，到了第 4 天，我们要把注意力转向非言语信号在专注倾听中的关键作用上来，研究一下怎样才能提高对言语背后和周围的情境的认识。

非言语沟通覆盖的范围很广。现阶段我们要把关注范围缩小到那些能增强你的倾听能力的非言语沟通上。你要提高哪些方面的认识呢？

·一般来说，人人都能或多或少地识别出一些非言语信号。因为这是一个我们从幼年时就开始习得的技巧，所以它往往已经成为一种直觉，不需要我们有意而为之。不过，锤炼专注倾听技巧要求你有意识地关注非言语信号。

·要记住，许多非言语信号不太明显，发生在所谓"微观"层面上——脸部肌肉的些微牵动、脸红或其他类型的肤色改变、稍许调整的姿势等——它并不是大幅度的动作或明显的音量改变。积极倾听意味着需要识别出发生在不同层面上的非言语信号。

·人们往往能控制自己发出的非言语信号，特别是在工作场所，不同的行为模式被接受的程度各不相同。不过，控制自己发出的非言语信号通常比控制自己的措辞要难得多。真实的、潜在的情绪、意图或想法常常会经由次要的非言语信号显现出来。如果想做到专注倾听，你不但要关注对方在说什么，还要把言语和非言语证据结合起来，根据情境做出判断。言语和非言语信号放在一起分析的结果，比分开分析的结果可靠。

你也许本来就很擅长识别非言语信号和发言者真实情况之间的关联，但这里的关键在于你是否能把真正观察到的现象同你根据观察得出的推断或假设区分开来。前者是基于你视觉或听觉的证据，而后者是把未经证实的意义"分配"到你的所见所闻上。例如，某人同你说话时不看你，你可以对他说："你说话的时候没看我。"或者说："你不喜欢讨论这个话题。"这两句评论并不一样。第一个陈述句（观察）打开了探究之门，而第二个陈述句（假设）有可能是错误的解读，说不定会导致对方的消极回应。

因此，你的解读对谈话的走向以及你与谈话对象之间的关系有着重要影响。当你有意鼓励坦诚的意见交流，为产生和探索新想法创造良好氛围时，错误假设会造成破坏性后果。因为风险太大，所以为了在正确的道路上前行，你必须时时核查你的解读。

1. 观察他人发出的非言语信号

为了提高你对一切非言语信号的认识，我们希望你今天开始仔细观察周围的人在进行沟通时都有哪些行为表现。在你上班途中和上班后的第一个小时里，默默记下他人的身体语言。可能的话，也请记住他们的嗓音和语调。

·别人的坐姿和走姿是什么样的？手臂、手和腿怎么放、怎么动？

·你在别人脸上看到了什么表情？

·你注意到别人的嗓音有什么变化，如音高、语速和音调变化？

·你还能观察到什么细微的、微观层面的信号？

·你还注意到哪些平时没注意到的东西？

2. 验证非言语信号

我们在今天计划伊始就指出，区分你真正观察到的现象和你根据观察所做的推断或假设非常重要。你应该随时去核实你的解读是否符合他人的真实情绪、意图和想法。

非言语信号要么同言语相吻合，要么不吻合。有时候，看不到对方的非言语信号更能说明问题。如果某人声称自己很高兴时，面露笑容，眼神含笑，那你可以很放心地假设他真的很高兴。另外，如果某人双手交叉在胸前，坐在你对面，神色严峻，口里却说他很高兴，你可能会猜想他根本不高兴。你一旦决定专注倾听，就要尽最大努力去理解发言者的真正兴趣、意图和视角。你必须充分调动自己的观察能力。这样才能捕捉到真相，识别出言语和非言语信号之间的矛盾。届时，你才能判断究竟是忽略这个矛盾好，还是进一步核实好。归根结底，唯一知道你观察的真实结果的，只有被观察者自己。其余一切都是你的假设或有根据的猜测。

当你发现判断与事实可能不一致时，你很可能会等不及收集证据，匆匆忙忙地做出解读。不要着急，你要跟对方核实一下你的解读是否正确。怎么核实呢？你可以说一个陈述句，也可以提一个问题。无论哪一种形式都必须体现你对谈话内容和这一谈话之外的情感因素的尊重，它们最好是你根据观察结果精心设计的。在上述例子里，你可以推心置腹地说："真的吗？我觉得你不太开心……"你也可以问："你真的开心吗？"

（1）这个练习是用来帮助你锤炼观察技巧、识别错配的。在你即将进行的下一场谈话中，尝试特别关注某个人，留意他说了什么，又释放了哪

些非言语信号，尤其要观察他的非言语信号是否增强了他的语言效果。在学习日志上尽可能多记下几个例子。这些例子可以归纳为以下几类，见表5-2。

表 5-2 　　　　　　　　　　　　　　　　练习案例

说了什么	相匹配的	错配的	你的
（关键词）	非言语信号	非言语信号	解读
……	……	……	……

（2）回顾一下谈话过程和你的笔记；如果你觉得对方的言语和非言语信号有错配，就立即向对方求证你的解读是否正确。这时你会提什么问题或如何陈述？在学习日志上写下你的想法。

错配简单总结　　　　　　　　验证提问／陈述句

_____

_____

（3）在上述练习的基础上，利用今天的下一场谈话进一步练习。首先，识别出所有错配。其次，紧随其后提问或做陈述，以便求证。这个练习的目的是给你一个验证的机会，并通过对方的回应来衡量一下你的解读是否准确。

3. 提高对你自己释放的非言语信号的认识

到目前为止，我们在专注倾听这个主题下只讨论了提高你对他人释放的非言语信号的认识的重要性。其实，沟通是一个双向的过程，提高对自己释放的非言语信号所产生的影响的认识也同样重要。有时候，你会一边专注倾听，一边发言，如改述和提核实性问题。我们在之前章节中指出，一方面，选择恰当的措辞非常关键；另一方面，这些措辞怎么表达，相应的非言语信号又有哪些，都会影响到他人对你的认知，以及对你想传达的信息的接受和理解程度。

你必须认识到，倾听的方法非常关键。

虽然听看似被动，但即便你一言不发，听者所发出的非言语信号还是会决定谈话的走向。这些信号在很大程度上影响着对方的感受。他们会针对你的关注度、你是否看重他们、跟你交流能在多大程度上畅所欲言等做出相应判断。如果你想了解对方对你在倾听过程中释放的非言语信号的认知，最好的办法是直接问他们。

来自"试飞员"的建议：约翰论专注倾听 7 日方案

做练习的时候，找一个知道你在做什么、为什么这样做的搭档。在练习开始前，给搭档简单地介绍一下你要练习的内容。

——约翰·P，职业演员

你要完成的最后一项任务是找一两个愿意配合你的人，同他们各练习 15 分钟。你们最好找一个安静的地方，舒舒服服地坐下来，进行以下练习。

目标：听取对方对你倾听方式的反馈。

过程：请你的志愿者搭档给你讲一个故事、个人经历或工作挑战，时长三分钟。你必须全神贯注地倾听。在志愿者搭档讲故事之前，告诉他们你会在事后请他们谈谈对你这个听众的看法。给他们看下面这个列表，好让他们知道事后该从什么角度评论：

观察（他们看到了什么，听到了什么）：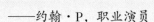_____

你的表情、视线、姿势、位置、手势、嗓音和语调：_____

认知（他们感觉如何）：_____

做听众时你的专注程度：_____

反思题：

·你对自己的倾听风格有了哪些了解？

·在倾听方面，你有哪些做得好、值得保持和发扬的？

·有哪些地方你需要改进？

第4天的反思：所谓直觉，在很大程度上指一个人是否能够注意到他人容易错过细微的信号。今天所做的练习是修炼观察能力的重要一步。最后，问自己两个问题。你已经进一步认识到了非言语信号对专注倾听的影响，那么接下来你会怎么倾听？在推动创新的过程中，这又意味着什么？

第5天：沉默的价值

你怎么看待谈话中出现的沉默？

有些人可能在想："沉默好啊，这样我就有更多机会讲话了！"另一些人则想："我很少遭遇沉默。"还有一些人会因为谈话过程中出现沉默而感到局促不安。在人们的普遍认知中，沉默往往被认为是坏事，是消极态度的表现，只有没话讲的时候才会沉默。然而我们并不同意这个观点。

沉默在倾听过程中的重要性被大大低估了。如果运用得当，时机把握得好，沉默也可以是强大的工具。

·从神经学的角度来看，创造过程所需的时间比分析思维所需的时间要长，如果专注倾听者能积极运用沉默，对方就能有更多时间和空间来思考和反思。

·如果你的目标是提出新想法，就应该竭尽所能鼓励对方积极参与。沉默扫清了阻碍思绪自由流动的障碍。尝试提示对方说点什么来打破沉默。这样一来，刚刚萌芽的新想法有可能会浮出水面。

·如果你想探究多个备选方案，就应该认真关注他人发出的所有信号。在专注倾听过程中合理运用沉默，能提高你的观察力，帮你更好地识别必要线索，从而有效发挥钩子和非言语信号所提供的作用。

当然，有些人会被沉默吓倒。这很正常。发言者和倾听者一样，都可能畏惧沉默，以及沉默背后的精神意图和非言语信号。沉默时间不宜太长，因为太长的话会让人感到不安。一两秒钟，也许比你想要的时间长，但还远远没到让你不安的程度。你练习得越多，就能越自如地在专注倾听过程中运用沉默。

来自"试飞员"的建议：约翰论专注倾听 7 日方案

采用这个计划后，我会更多运用沉默，努力遏制或打消自己下断语的欲望。

——约翰·P，职业演员

1. 对沉默这种非言语信号的观察

想象一下，如果你是听者，遭遇到以下两种不同类型的沉默时，你分别会观察到哪些非言语信号：

·惬意的 / 鼓励性的沉默

·威胁性的 / 富有挑战性的沉默

在学习日志上列出你能预料的各种非言语信号及其特点。

·这两种类型沉默的主要差别是什么？

·如果你想制造惬意的、鼓励性的沉默，你应该表现出哪些非言语行为？

2. 沉默的框架

人们在讲话时会有自然停顿。停顿要么表明说话人的思考过程告一段落，要么表明他需要进一步反思，或者只是需要喘口气。在谈话中，我们往往把

这些停顿看成轮到自己讲话的信号。这是一种自然的谈话规律。不过有时候我们不妨采用另一种做法。不要把停顿当成开口讲话的机会，而是把它看成一种能把谈话推往另一个方向的沉默，等待更多有意义的见解诞生。请比对表5-3思考以下例子。

甲："我发邮件给团队成员，对他们提了要求，可他们没有及时回复我的邮件。"

乙："你觉得这是为什么？"

甲："大家都不读邮件……（自然停顿）。"

此时，乙可能很想发表看法，但他忍住了，在保持沉默的同时用鼓励的眼神看着甲。结果甲在停顿了几秒钟之后又开口了。

甲："……当然，他们本来压力就很大……（自然停顿）。"

此时，乙本来可以插一句评论，但他继续保持沉默，他的眼神让人安心。于是甲又开口了。

甲："……但如果我给他们一个具体的截止时间、解释一下重要性，也许会有更好的回应。"

表5-3 沉默框架

提问		乙：你觉得这是为什么？
回答	1+ 自然停顿	甲：大家都不读邮件……
沉默		
回答	2+ 自然停顿	甲：……当然，他们本来压力就很大……
沉默		
回答	3= 有意义的答案	甲：……但如果我给他们一个具体的截止时间、解释一下重要性，也许会有更好的回应。

资料来源：一个被普遍接受的沟通模型，具体来源不明。

该框架呈现了积极倾听的一些常见原则，也指出了沉默的作用。这个框架有几种用处。如果你想用沉默来鼓励对方理顺思路，最终提供有意义的信息，那么这个框架会很有用。你也可以用这个框架来进行自我训练，让自己更习惯沉默、用沉默的方式来推动对话发展。如果你把这个沉默框架同之前练习过的、让人觉得惬意并带有鼓励性的非言语行为结合起来，你就可以着手推进下一步实践了。

至少找三个机会来练习这个框架。

反思问题：

·你的沉默对谈话的走向有什么影响？

·哪些地方你做得好？

·事后回想，哪些地方可以换种做法？

　　一个心烦意乱的人去找禅宗大师。

　　"大师，求你了。我好困惑，好绝望。我不知道我是谁。请告诉我，我到底是谁？"

　　禅师什么也不说，转头看向别处。

　　那人频频求告，禅师还是不做声。

　　终于，那人沮丧地放弃求告，转身欲走。

　　突然，禅师喊了他的名字。

"是我!"那人转身回应。

"这就是答案!"禅师大声说。

第 5 天的反思:你怎么看待谈话中的沉默?

第 6 天:总结一展示你的倾听

总结跟改述一样,给了你一个尽可能用对方的原话来回顾反思对方说过的话的机会。总结是专注倾听过程中另一个至关重要的技巧。它带来的好处和改述类似。总结能提升你的专注倾听能力,你练得越多,用起来就越得心应手。不过,总结和改述之间也存在一些重大差异。

改述的对象是刚刚讲完的话,而总结针对的是整场对话。总结的意图和目的是记住重大信息、目标、想法和可行方案,创造机会重温之前的谈话,跟进之前错过的钩子。此外,总结之后你还可以讨论下一步具体该做什么,为正式的行动方案做好铺垫。

谈话接近尾声时,做出总结是符合逻辑的,因为在这个时间点上,谈话的各条支线都汇聚到了一起。另外,在谈话期间,至少还有三个情况值得我们做出阶段性总结:

· 谈话耗时较长,内容较复杂。

· 对方看起来困惑迷惘。

· 你需要时间思考,重新集中注意力,决定该如何向下推进。

总结不是逐字重复。总结难就难在抓住谈话要点并识别对方叙述中的关键节点。总结要体现出你认识到并尊重对方所表达的情绪。被当众表达出来的情绪很可能对发言者来说非常重要,所以我们在总结时要选择时机对其加以关照。所有其他不必要的细节或不相关信息均应被排除。

总结的最佳篇幅该是多长?我们很难给出标准答案。如果参与谈话的各方轮流把持发言权，总结篇幅就更不好掌握。一般而言，总结篇幅约为总谈话篇幅的 1/3。

1. 总结初练

在学习日志上总结以下段落。争取用一两句话总结完毕。

原句 1：她把目光转向窗外，打了个寒战。气温下降了，光线渐暗。黑云笼罩着远山。雨点开始落下，狂风吹得树枝乱颤。暴风雨即将来临。

原句 2：国王身体不适，宣召御医去他的寝殿。御医进门后为国王检查身体。他把手放在国王额头上试体温，再用听诊器听国王的心跳。他请国王张嘴，查看了喉咙和舌苔。医生很快就看出来国王没什么大病，只是在前一天晚上的国宴上有点暴饮暴食。他的诊断是国王消化不良，建议他禁食一天。

原句 3：弗朗西斯告诉前台，下午会有人送来一个重要的邮件。因为她下午不在办公室，不知道会不会有人替她代收，有点麻烦。她把自己的手机号码告诉前台，还留了客户的座机号码。当天下午她去见这个客户，希望争取到新业务。一旦邮件抵达，前台应当立即通知她。如有必要，她会赶回来。

附录 II 里有我们的参考总结文本。当然，这不是唯一的正确答案。请对比一下你的总结和我们的参考总结，看看它们在内容和长度上有哪些差别。

2. 总结对方说的话

你在总结中使用的措辞、保留的内容和省略的内容，会在很大程度上影响对方对你这个听众的认知，并且最终会影响到他在你面前有多放松。如果你想知道自己作为听众的总结水平有多高，最好的办法是直接问对方。

找一两个志愿者，同他们各练习 15 分钟。你们最好找一个安静的地方，

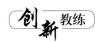

舒舒服服地坐下来，进行以下练习。

目标：听取对方对你总结能力的反馈。

过程：请你的志愿者搭档给你讲个故事、个人经历或工作上的某个挑战，时长 3~5 分钟。你要全神贯注地听，并总结出对方的讲话要点。在志愿者搭档开口之前，你要告诉他这个练习的目的不是让你逐字重复他的话，而是突出他的讲话要点。你还要告诉他，事后你会问他几个问题，请对方就你的总结质量发表看法。

你要向志愿者搭档提以下问题：

· 我的总结是否准确？准确程度有多高？

· 我的总结里有没有什么地方偏离了你的视角、加上了我自己的解读？

· 你对我总结的长度满意吗？有多满意？

· 我有没有漏掉你讲话的重点？

· 整体来看，你对我的总结满意吗？有多满意？

反思问题：

· 你对自己的总结能力有什么新认识？

· 你的总结有没有忽略对方公开表露的情绪并被对方察觉？

3. 总结可以作为催化剂

专注倾听的你自然而然地成为了对方倾诉的对象和探究理念和想法的渠道。为了推动谈话进展，制订具体行动方案，你必须向对方提问。在你做总结的时候，这就是催化剂。你深度挖掘对方话语里可能蕴含的事物之间的关联，激发对方的思考，提炼那些埋藏在表象之下的重要想法。好的总结里包含着钩子，有助于你设计后续的问题和陈述。

下面这段话引自一场真实的教练式谈话。乔安娜扮演教练角色，路易丝是她的同事。乔安娜在两人交流约五分钟后做出了总结：

> "你说你知道应该在高管团队面前多表现自己，但在和高管见面的场合中，那么多人共处一室让你害怕，你望而却步。"

乔安娜的总结里有好几个钩子可供后续跟进。我们用下划线做了标记。

> "你说你知道<u>应该在高管团队面前多表现自己</u>，但在和高管见面的<u>场合</u>中，<u>那么多人</u>共处一室让你<u>害怕</u>，你<u>望而却步</u>。"

总结完毕后，你要选出一个或若干个钩子来跟进。每一个钩子都可能有价值，都有可能把讨论引向不同的方向。这一点我们在第 3 天已经讨论过。在这个例子里，乔安娜认识到每一个钩子都各有内涵，如表 5-4 所示。

表 5-4　　　　　　　　钩子焦点问题示例

钩子和焦点	可以提的问题
如果进一步探讨"应该在高管团队面前多表现自己"，讨论的焦点很可能是表现自己对路易丝有哪些好处	"在高管团队面前表现自己对你来说有多重要？"
如果进一步探讨"场合"，讨论的焦点很可能是路易丝对情境的感知	"具体说说这个场合。它对你来说意味着什么？"
如果进一步探讨"那么多人"，讨论的焦点很可能是听众人数对路易丝的影响	"人多对你有什么影响？"
如果进一步探讨"让你害怕"，讨论的焦点很可能是路易丝感知到的障碍	"这个情境具体有哪些地方让你感到害怕？"
如果进一步探讨"望而却步"，讨论的焦点因你提问的不同而不同，要么是解决方案，要么是障碍	"在什么条件下你愿意在高管面前表现自己？"（解决方案） "是什么让你望而却步？"（障碍）

资料来源：比安基和斯蒂尔。

乔安娜决定问："这个情境具体有哪些地方让你感到害怕？"路易丝解释说，她主要是担心自己会忘词，在大庭广众下丢脸。于是接下来两人讨论了

可以采用哪些应对策略来防止忘词，路易丝又该做哪些准备来增强信心。她们还讨论了相应的行动方案。

你在第 6 天的最后一项任务是从下面一段总结文字中找出钩子来，想清楚它们的内涵，然后决定你想要提的问题或做的陈述，推动谈话，以便制订行动计划。

"如果我没理解错的话，作为一名新经理，你制订了改进你和你团队工作流程的计划。多数团队成员对你的提议表示支持，但也有两名团队成员抵制。你正在想该做些什么来解决这个问题。"

把这段总结里的钩子划出来，然后在你的学习日志上完成表 5-5。

表 5-5　　　　　　　　　　学习日志上的空白表格

钩子和焦点	可以提的问题

反思问题：

· 在这些可以提的问题里，哪一个最有可能引出具体行动方案？

第 6 天的反思：如果你的总结能力强，你和谈话对象都能更好地看清之前讨论中涉及的事物之间的关联。总结为你提供了引发后续问题和陈述的关键词。你练得越多，总结起来就会越自如。同其他支持专注倾听的技巧一样，你需要找尽可能多的机会来练习总结技巧。

第 7 天：排除障碍，专注倾听

在本章开头，我们阐明了我们的观点：如果没有专注倾听，就不能创造出有助于产生新想法的公司文化。我们要将专注倾听转化为下意识的行为而非技巧。这种转变是为创新提供沃土的重要条件。

在本周的前 6 天里，你一心一意地提高自己的专注倾听能力，并利用许多机会进行实践，还对支持专注倾听能力的基本技巧进行了反思，取得了很大进步。不过到目前为止，我们还没有专门讨论过有可能阻挠你倾听的障碍。作为一名专注倾听者，有意识地专心听还不够。你还需要了解有哪些"拦路虎"，并且做好制服它们的准备。毫无疑问，如果你不能有效应对它们，那么阻挠专注倾听的障碍也会妨碍创新。

1. 专注倾听的障碍

我们在表 5-6 中列出了最常见的专注倾听障碍。自然，我们在不同的时间点上都会受到它们的困扰。你可能还知道一些对你个人专注倾听构成威胁的阻碍，所以我们在列表下方留白供你填入。

请你首先在每一个障碍后面写下它会如何影响你的倾听能力，然后写下可以采取哪些行动来克服这个障碍。

表 5-6 工作表：倾听的障碍

障 碍	后 果	行 动
轻易评判他人		
时时为自己辩护		
有自己的日程		
带着己见或偏见进行谈话		
常常胡乱打断对方		
认为自己的意见比别人的意见重要		
很难控制自己的情绪并保持客观		
……		
……		

资料来源：比安基和斯蒂尔。

跟进行动：

对每个障碍、后果以及你可以采取的纠正行动进行反思后，选择三个你认为最重要的不足进行改进。

来自"试飞员"的建议：约翰论专注倾听 7 日方案

执行这个计划之后，我特意去跟平时交流不多的人打交道，结果很令人满意。我认为在工作场所这样做很有价值。

——约翰·P，职业演员

2. 识别情绪

用恰当的方式在恰当的时刻表露出来的情绪是对话的有机组成部分。作为一名专注的倾听者，在识别并尊重对方表露的情绪和情感的同时，不要忘记保持距离。这样你才能客观地区分情绪和事实，不会受到影响。分清事实和情绪一方面可以使对方愿意与你抒发胸臆，另一方面让你能根据事实来推动谈话的进展。

思考以下两个例子，然后在学习日志上记录以下信息。

（1）发言者公开表露的情绪或言外之意。

（2）发言者说的话所激发的你的情绪。

（3）看似同该情境相关的事实。

（4）判断一下，为了推动谈话进展，你应该根据事实向对方提出的建设性问题。

例1："你绝不会相信昨天发生的事！月度报告一般是每月12日上交的，可老板今天下午四点跑过来，要求下班前看到报告，这比平时提前了三天。显然，总部某个大人物今天要光临公司，所以这位老板觉得要提供最新的数据给对方留下好印象。他这样的突然袭击太让人生气了。我今天'有幸'加班！我真得同他好好谈谈。"

例2："你知道吗？我看了你最近的报告，觉得你又一次错过了用不同方法收集数据、更有效处理数据的机会。你的习惯做法造成了很多针对相关不必要数据的来源和准确性的误解。当然，最后还是要你来决定该怎么办，我只是把我的想法告诉你。"

3. 情绪管理的三个步骤

一旦你认识到每一次交流都有情绪的介入，你会发现有些情绪相比来讲更容易控制，而一些情感暗流或言外之意比较难处理，尤其是在它们激起了你的强烈反应之后。碰到这种情况，你可以用几个步骤把情绪同谈话内容隔

离开来。今天的最后一个练习你不一定能马上开始，因为（幸运的是），情绪化的谈话不是每天都有。不过，你不妨先熟悉一下这些步骤，必要时就能用它来管理你自己的情绪。

来自"试飞员"的建议：查理论专注倾听 7 日方案

　　无论在什么场合，都不要让情绪左右你的倾听。

　　　　　　　　　　　　——查理·L，公司总监

　　下列步骤运用时有一个前提，那就是以双赢为谈话的最终目的。你每走一步都应该问自己："我能做些什么或说些什么来让我们俩都能获利？"

　　步骤一：接受。

　　接受意味着你承认每个人都有权利在必要的时候发表意见，并且尊重这种权利。这并非意味着你要赞同他们的意见或他们发表意见的方式。它要求你把"人物""原因"与"事件"区分开来。如果不把注意力集中在"事件"上，一些同说话人或说话人的沟通方式有关的、具有潜在破坏力的、局限思考的或负面的联想就会起破坏作用。

　　步骤二：给对方"疑虑的好处"。

　　给对方"疑虑的好处"意味着即使对方说话时情绪激动，也不要认为他心存恶意。也许他心怀某种积极的用意，只是不容易一眼看出来。如果你能管理好自己的情绪，调整好自己的反应，就比较容易分辨对方的良好用意。即便后来发现对方的言辞背后确实没有什么积极的用意，你也要争取双赢。

　　步骤三：争取思考时间。

　　片刻时间可能不够你控制情绪。为了争取思考的时间，让自己平静下来，你可以采用我们之前已经讨论过的两个技巧：改述和总结。在改述或总结完对方的话之后，你已经能够平静下来，建设性地推动谈话进展，并将双方的注意力集中到内容上。

在接下来的时间里，找机会练习这三个步骤，学会更有效地管理你的情绪，然后在学习日志上回答下列问题：

· 你有没有抓住第一个机会应用这三个步骤？

· 如果没有，为什么？

· 如果你当时应用了这三个步骤，谈话的结果可能会有什么不同？

· 如果你当时应用了这三个步骤，哪个步骤实施起来难度更大？

· 为了更自如地应用这三个步骤，未来你会有哪些不同做法？

· 练过几次之后，你有什么心得和结论？

第 7 天的反思：人的情绪可能极大地阻碍专注倾听。没有专注倾听，你很难实现双赢。我们相信如果主要的利益相关者携手并进，就能更好地实现工作中的创新目标。工作中有必要把个人利益和共同利益区别开来，为打造对所有人都有利的想法和结果而努力。

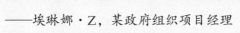
来自"试飞员"的建议：埃琳娜论专注倾听 7 日方案

这个方案结构完整，注重实践，前后连贯。我可以看到整个方案中有一条红线贯穿前后，我很喜欢它。

——埃琳娜·Z，某政府组织项目经理

总　结

· 第 1 天——你提高了对自己倾听能力的认识，对不听的危害进行了反思。专注倾听是选择的结果。如果你选择不听，你永远都不知道自己错过了

什么。

·第 2 天——你学习和练习了改述，并且积极应用了倾听的三大关键触发因素。改述有助于澄清误解，为发言人提供反思自己言辞的空间，推动思维飞跃和新想法诞生。

·第 3 天——你学习了如何从谈话中识别钩子，还练习了从钩子中可以衍生出哪些问题。学会识别钩子能帮助你培养联想能力和直觉。

·第 4 天——你探索了非言语信号的重要性，观察和验证了对方发出的信号，还对自己使用的非言语信号有了更多的认识。所有这些都改善了你的观察技巧。我们都知道，观察能力是创新者的一个重要特点。

·第 5 天——你认识到沉默的价值，知道沉默能创造思考空间，带来更有意义的见解。

·第 6 天——你练习了总结技巧，发现总结能让你更好地辨认语言背后的关联和联想，给你提供了钩子。

·第 7 天——你克服了阻碍专注倾听的障碍，学习了情绪管理的三个步骤。这样的话，你就能努力打造对所有人都有利的想法和结果。

执行专注倾听 7 日方案表明你愿意下大力气成为更好的专注倾听者。现在让我们回到第 1 天，将表 5–1 的自我认知问卷再做一遍，并对比两次问卷的结果。首先，你肯定能看到有所改进之处，恭喜你。然后，你要告诉自己，旅程还没有结束，尽量多实践会让你收获更多。

第六章 \ 大力提升关系层次

（本章要点）

　　注意和培养在任何交流过程中都会产生影响的关系很重要，这有利于营造创新的氛围，培养关系中的信任尤其重要。你还要准备好应对在创意产生过程中由于创造性摩擦而迸发出来的火花。在这一章里，你会发现：

　　·人们在创新氛围中产生、表达、交流和完善创意，而信任是建立创新氛围不可或缺的重要成分。

　　·开发自己在与他人交流过程中与对方建立熟络关系的天分是营造信任的重要步骤之一。

　　·如果你与他人的交流建立在信任的基础上，并且你已经与对方建立了熟络的关系，那么你就可以比较轻松地对对方的看法表示怀疑，对方也会乐于接受。

用创新的方式建立信任的好处

　　普拉策在《主管者培养团队创新和创造力手册》（ *The Manager's Guide to*

Fostering Innovation and Creativity in Teams）一书中说："很明显，信任和开放的心态是自由行动和冒险精神的基础——没有自由行动和冒险精神，就不会有创新。（普拉策，2010，P114）"

如果你想催生创新的想法，那就必须创造让人们愿意自由、坦率地思考、表达、交流和完善这些想法的氛围。不仅要允许冒险，还要积极鼓励冒险。如果没有相互之间的信任，培养出让这一切成为现实的关系几乎不可能。

几乎没有人能不需要其他人的配合而孤立地开展工作。我们工作中的相当一部分需要和他人合作完成，我们的合作者可能是个人、小组、团队或部门。即使我们通过互联网与他人合作，很多合作关系也会影响我们最终的产出或表现。如果提出新颖想法本身是创新过程的一部分，那么与他人的共同合作将是非常必要的。足够多的证据表明，思维上的多样化和"异花授粉"对于创新过程大有裨益，而这意味着创新不是一个人可以做到的事情。简单地说，激发创意的有效办法之一就是将大家汇聚在一起，让人们各抒己见。人们为了一个共同的目标聚集在一起的时候，就是相互信任和开放心态开始发挥作用的时刻。

人们想要提出建议或咨询他人想法时，一般要考虑哪些因素？设身处地地想一想，如果遇到这种情况，你会考虑哪些因素？你会考虑自己的看法是否会受到重视，或者考虑自己是否有表达看法的机会；你会考虑自己是否受到重视或尊重；相较于论断，你会更倾向于建设性反馈；你会希望不管开口说什么，对方都能秉持开放的态度，至少对方会从善意的角度来理解你的意图……如果以上答案都是肯定的，你就能感受到对方的信任，继而回敬以信任。

团队成员之间的信任支持皮克斯创新

很难想象，在一个人际关系不和谐，人们彼此不相信对方，对领军人物的领导能力或管理能力心存怀疑的团队中，创新活动会取得成功。麦肯锡的调查表明，信任和员工敬业度是增大创新成功和可持续性概率的关键因  素。以皮克斯为例，该公司在电影动画领域取得了技术性和艺术性两方面的重大突破。该公司的创立者之一艾德·卡姆尔说："皮克斯是真正意义上的社区。我们认为持久的关系非常重要，我们都认同一些基本的看法：人才难求。管理者的职责不是防止风险，而是打造公司遭遇失败后重新站起来的能力。公司必须让人敢于讲真话，必须不断地质疑自己的所有假设，寻找可能会破坏公司文化的缺陷。（卡姆尔，2008，P1）"对于创新来说，了解真实情况很重要。

另外，信任在透明的环境中才能破土而出，在人们尊崇提出建议和意见，言行一致、表里如一的时候，信任才会茁壮成长。当人们拥有能够驱动大家的价值观和对目标的共同理解时，信任就可以开出绚丽的花朵。在这种氛围里，人们会积极尝试新事物，大胆试验。只要人们以积极的心态从失败中学习，失败也会成为一种机会。这是创新的一个基本前提条件。在这种行事风格基础上建立起来的氛围就会让人产生这样的感觉：我和大家一起从事创新活动，我们产生了共同的信念——必须构思出新颖的想法，必须积极创新。

如果你的使命是驱动创新，那么在个人层面和团队内部打造信任就成了一件需要孜孜以求的重要事情。

启动信任打造流程

信任和信誉一样，需要靠努力和时间才可以"挣得"。这不是你想要就可以马上得到的东西。现在，你已经在成为创新催化剂的道路上走了很远。你的教练思维和认真倾听的能力，再加上你的所作所为，将会为你打造信任奠定坚实的基础。

打造和强化信任最重要的步骤之一是在与别人交流的过程中提升你与生俱来的与他人建立熟络关系的能力。什么是熟络关系？吉尼亚·拉博德认为，熟络关系就是在双方和多方之间建立和维持相互信任关系的过程。（拉博德，2006）

这一定义意味着熟络关系需要付出努力才能获得。不得不承认的是，某些人在某些环境下，与人一见面就可以与对方轻松自然地熟络起来。有人将这种情况描述为与某人"一见如故"。有时候，我们很难说清楚为什么人与人会"一见如故"。

怎样知道你是否能够与人很自然地熟络起来呢？当"一见如故"的情形出现，双方的交流自然而随意的时候，你可能会感受到这样一些信号：

（1）你感到很放松。

（2）你感到这种交流让你心情愉悦。

（3）你感到自己和对方能够做到相互理解。

（4）你感到和对方有很多共同语言。

（5）你很希望这种交流不要停下来。

（6）你对交流的内容很感兴趣，交流过程中全神贯注。

（7）你会坦诚地说出自己的想法和感受。

（8）双方的非言语信号似乎心有灵犀地一致。

（9）感觉很想再次见到对方。

如果站在旁观者的角度认真观察和倾听，就会发现对谈双方的肢体语言在某种程度上是一致的。例如，进行深入交流的两个人的上半身会向对方倾斜，甚至会采用同样的姿势。如果双方的交流很融洽，还可能发现双方的音调和语气也很接近。同时，观察面部表情也可以看出双方交流是否融洽。从上述观察结果中我们可以得出这样的假设：在双方关系的层面上，这一交流轻松顺畅，双方都很满意。

由于各种原因，熟络关系并不总是很自然或很快就能建立起来的。在一些情况下，我们不会刻意去想为什么会这样，只会让关系顺其自然发生；在另一些情况下，我们也清楚地知道和某些人的熟络程度有限，不可能"一见如故"。这时，我们甚至感觉没有必要刻意去经营这段关系，也不愿再投入时间或精力去改变现状。

然而，在某些情况下，采取这种"放任自由主义"并不可取。尤其是在工作的时候，你要和性格各异的人相互合作才能完成任务。在很多时候，你必须努力改善并强化同他们之间的关系。这并不意味着你必须成为所有人的知心朋友，或同意别人的所有看法。即使双方有不同意见，或者互相质疑对方的看法或观点，你仍然可以和对方保持熟络关系。

建立和深化熟络关系可以帮助你在相互尊重的基础上和对方建立牢固的关系，让你们更好地理解对方。这正是建立营造创新氛围必不可少的信任和必须要做的事情。

怎样才能同与你打交道的人建立和深化熟络关系？我们找到了七种同样重要的途径，如图6-1所示。

（1）认真倾听。如果你全神贯注，你就可以心无旁骛地将全部注意力都集中在与对方的交流上，熟络关系就会自然形成。

（2）了解。经常问自己："我能从对方那里了解到什么信息？"如果你觉

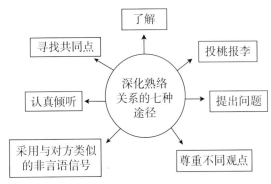

图 6-1　太阳模型：深化熟络关系的七种途径

资料来源：比安基和斯蒂尔。

得对方会透露某些有价值的东西，你就会发现它们，进而让对方感受到应有的尊重。

（3）寻找共同点。谈到双方都感兴趣的小事情会让双方感到交流过程轻松、和谐。

（4）投桃报李。和对方分享自己的某些感受、看法或经历，即使只向对方略微袒露一点你就双方共同感兴趣的话题的真实看法，也能极大地鼓励对方，让对方给予更多投入。

（5）提出问题。问一些有关其他人的有趣问题，这可以让你从一个新的角度了解和你交流的一方，双方的好奇心可以推进交流。

（6）尊重不同观点。如果你知道别人不可能同意你的所有看法，就会把注意力放到谈话内容上，而不是针对对方本人，这样人身攻击就不大可能出现。

（7）采用与对方类似的非言语信号来表达自己的意图。如果你想积极推动双方关系的建立，你的非言语信号应该表达出你的开放心态和兴趣，并表现出你对对方的关心和认可。

营造一个建立在信任基础上的氛围，不仅需要打造熟络关系，还需要用共同的价值观，如责任、诚实等来驱动双方的行为，需要将透明、开放的心态融入到做事细节中。但是，通过强化你展示出的与人沟通的能力，你可以给大家做出榜样，你身边的人很可能会有所回馈。你会发现你的人际关系会一天天地好起来。

走出熟人圈

吉尼亚·拉博德将关系划分为从忍受到吸引等多个层面。从忍受层面到吸引层面，要经历的阶段是忍受、冷淡、中性、温和、了解、认同、热情、怡人的热情、热烈，最后是吸引。对于工作上的关系来说，最理想的层面是从中性到热情，因为这几个层面可以提高工作效率。在建立熟络关系、发展这几个层面的关系上投入时间和精力往往非常值得。拥有这种熟络关系对于处理"友好的分歧"或者在分歧可能升级的情况下保持平静十分重要，可以很好地缓解形势。虽然如此，鉴于你的使命是驱动创新，和谐的观点交流并非总能激发出最具创意的想法。创造活动往往要从分歧和突如其来的念头中汲取营养。

"如果想要拥有创造力，你就需要'思维的多样性'（intellectual diversity）——能让你产生'创造性摩擦'的那种思维多样性。团队成员必须敢于质疑彼此的观点，必须欢迎思维上的分歧。在被杰里·赫什伯格称之为'创造性摩擦'的过程中，团队可以充分发挥潜藏于群体每个人思维方式中独特的创造潜力。（伦纳德等，2005，P20）"

熟络关系作为基础可以帮助你高效地应对对方的反应。如果你担任教练角色，计划成为变化的推动剂，正在积极思考新颖的想法和多个选择方案，你就要提出一些强有力的、具有挑战性的问题，这些问题会触发强烈反应，甚至让更多不同的看法浮出水面。如果你与对方存在相互信任的基础，并且

双方之间存在熟络关系，那么你会很容易对对方的想法提出质疑，对方也很容易接受你提出的质疑。宝贵的创意火花往往来自你长时间高效管理的创造过程。

在刺激大局思维的过程中，我们一定要走出熟悉的、和谐的圈子，进入一个不确定的、更可能产生新颖想法的区域，让提出强有力的、具有挑战性的问题的做法不但被接受，而且大受欢迎。提出这种问题的同时，你就是在鼓励他人寻找新的因果联系，你就是在质疑他们的假设，最终，你将会为不同的做事方式和变革打开大门。如果分寸掌握得好，你既提出了问题，达到了目的，还不会对双方关系产生消极影响。

虽然如此，我们仍然需要克服一些困难。你的提示、质疑、表示提供帮助的话语，也可能在一开始时就遇到抵触，令对方产生挫败、不解等反应或其他情绪，这些反应和情绪会阻碍双方进行建设性交流。出现这种情况时，首先一定要管理好自己的情绪。其中的一个办法在"专注倾听 7 日方案"的最后一天应做的事情中已有介绍（情绪管理的三个步骤）。在管理情绪过程中，尽量让你的非言语信号，包括说话语气、面部表情保持中性。在控制情绪时，再次将注意力集中到谈话内容和你想要实现的积极方面。调整你的肢体语言、声音和语气以表现真实的兴趣和专注，这些开放的非言语信号有助于缓解紧张氛围，促进双方良好交流。

让我们来分析一些最为常见的场景。在表6-1中，我们简要描述了每一种场景，说明了与你交谈对象在这些场景下会说什么话，同时给出了一些我们认为有效的回答。在运用这些回答或其他回答时，一定要牢记情绪管理的三个步骤，并积极使用它们。

表6-1　　　　　　　　　　　　几种抵触场景

场景	谈话对象可能说的话	你的回答
1　不愿意说出自己的看法	"你是老板，你应该什么都知道。"	"虽说这是事实，但我仍然重视你的看法。"
2　吃惊于眼前的变化	"你怎么有这么多问题？"	"我很想知道你的想法。"
3　因为对方没有给出明确的回答而产生挫败感	"为什么你不直接回答我的问题，而是提出了另一个问题？"	"那是因为我怀疑你已经知道了问题的答案。"
4　对挑战性问题采取守势	"在这个问题上，你怀疑我的判断吗？"	"我并没有怀疑你的判断，我想问的是……"
5　因为被要求提出其他解决方案而恼火	"我已经把我的想法告诉你了。"	"我只想确保我们没有遗漏任何重要的情况。"
6　因为被问太多问题而困惑	"你问了这么多问题，都把我搞糊涂了。"	"哦，对不起，那我们总结一下。"
7　什么也不愿意说	"……"	"你觉得，目前最该做的事情是什么？"
8　真实的障碍或假设的障碍	"我想象不出，在什么情况下这件事才能成功？"	"那么你认为什么情况下这件事能成功？"
9　回避责任、推脱责任	"为什么问我？这又不是我的问题。"	"你说得对。这不是你的问题。这是我们大家的问题，所以我们要一起来想办法解决问题。"

续 表

	场 景	谈话对象可能说的话	你的回答
10	愤怒、产生挫败感	"为什么你不能让我一个人待一会儿！"	"我也希望可以这样。不过，情况紧急，我需要你的意见和看法，我们好解决问题。"

资料来源：比安基和斯蒂尔。

这些建议的回答考虑了你当下需要做出的反应和应该说的建设性的话。同时你还应该注意你的话说出去之后的影响，包括短期影响和长期影响。

在场景 1 和场景 2 中，你说了你会重视对方说的话或对他们的建议感兴趣，那么就需要证明这一点——不仅在当下用语言证明，还要在未来用行动证明。你可以尽可能多地将他们的建议融入到团队的行动方案中去，或者在和别人的谈话中赞扬他们说的话。

如果对方对你的话产生怀疑（场景 3），那么就一定要向他们证明你是值得信任的：只要提出了正确的问题，你就可以帮助他们挖掘出心中的解决方案。你的短期目标和长期目标是培养对方对这个过程的信任。如果对方出现防御型反应，或者因为你提出的问题而明显生气（场景 4 和场景 5），你就必须尊重这一点：这是对方的真实感受，不要完全不予理会。要表现出对他们完全理解，但是要专注于事实，而不是情绪。这也适用于场景 6。

最难以管理的场景是对方一言不发或者反复说"我不知道"（场景 7）的时候。对方并非刻意给双方的交谈设置障碍。在很多情况下，对方只是不习惯别人征求他们的意见和建议，他们真的不知道应该说什么。另外，如果这并不是你的一贯风格，你平时很少提问的话，那么你也应该向对方解释一下，让提问题成为双方都可以用来了解新信息的过程。在下文中，我们将为你提供一个交流方案，帮助你和身边的人打造新的习惯和行为。不管背后的原因是什么，你们的目标都是要与对方进行深入交流，让对方清楚地知道他们的意见和建议对你来说很宝贵。如果他们需要时间来考虑的话，告诉他们你很高兴给他们提供考虑的时间，并且约定好下一次交谈。另外，如果你发现对方确实是在故意给交流设置障碍或无休止地阻碍交流，你可以采取替代方案，比如在"创新教练式辅导模型六步法"的基础上与对方进行交流，用教练方法鼓励对方改变行为。如果这些都不奏效的话，你还可以从组织内部寻求支持。

在某些情况下，你可以改变对方关注的焦点，前提是这有助于克服真实的或对方认为的交流障碍。例如，如果对方关注的焦点是问题，那么就要通过提问题促使他们去思考解决方案。在场景 8 中，对方注意的焦点从一种情况（事情不可能成功）转换到了另一种情况（事情可能成功）。虽然转换关注焦点是一个对你有利的办法，但是，不要让对方如法炮制，从而推脱责任或引导你偏离目标（场景 9 和场景 10）。

在营造有利于产生新颖想法和创新的氛围方面，你可能认为注重"和谐"对认可对方和思维过程都更为有利。这会在短期内让人产生一种轻松愉悦的感觉，但是，对于有助于催生新想法的"创造性摩擦"所需要的那种成熟的、甚至带有激烈争吵的土壤来说，这种"一团和气"能够提供的帮助则十分有限。不要回避分歧、矛盾、质疑和观点差异，乃至公开的分歧和冲突。它们本身没有积极和消极之分，重要的是你如何对待它们。

总　结

1. 相互信任和随之而来的开放心态是营造创新氛围不可或缺的部分。要积极鼓励人们尝试新事物，大胆试验。失败也是一种选项，只要每个人都有接受失败的心理准备，并愿意从中学习。

2. 相互信任的氛围会让人们感觉到大家在一起从事创新活动，大家在共

同营造一种热烈的气氛——我们必须构思出新颖的想法，必须积极创新。

3. 与人建立熟络关系、寻找共同点的天分是一种开启长期信任流程的方式。

4. 人和人之间的熟络关系经常可以轻松自然地建立起来。如果你做不到这一点，可以在任何交流过程中使用"太阳模型：深化熟络关系的七种途径"来建立和培养与对方的熟络关系。

5. 具有思维多样性，能够彼此质疑对方的观点，创造能力才能得到提高。"创造性摩擦"有助于个人或集体发挥创造潜力，提高创新能力。

6. 走出"一团和气"的熟人圈，进入一个不确定的、更可能产生新颖想法的区域。在这里，提出强有力的、具有挑战性的问题的做法将成为一件求之不得的事情。

7. 问强有力的、具有挑战性的问题可以触发强烈的反应，引发不同看法浮出水面。如果分寸掌握得好，你既提出了问题，达到了目的，还不会对双方关系产生消极影响。

作为变革和创意的催化剂，我们应该在信任和透明的基础上营造良好氛围，建立良好关系。接下来，你就能坦然应对出现的一切情况，因为你内心知道，你能应付得了。

反思和实践练习

运用《学习日记》，将你有关下面几点的思考和回答写下来。

·明显的熟络关系的信号：不管是在公司，还是在家里，或者在其他地方，都尽可能多观察——你不需要听清楚他们在说什么，只需凭非言语信号来判断双方关系。你看到的哪些信号能够说明双方关系是否熟络？

·打造深化熟络关系的能力：选择一个你想要并有必要与之建立熟络关

系的同事，使用"太阳模型：深化熟络关系的七种途径"。思考它带来了什么影响？

· 管理关系层次：想一想过去需要保持镇定和专注的几种情况。当时，你是怎样应对的？有没有可以采取另一种应对方式的情况？如果同样或类似的情况再出现，你会怎样应对？

第七章　实践工具包

（本章要点）

在前文中，我们走入教练角色，驱动创新，无意识地开始辅导自己，提升创新者所必须具备的技巧。本章将阐述新颖想法产生之后出现的情况。我们会发现：

·我们在自我辅导的时候，需要问自己和辅导别人时相同的问题，用这种方法促使自己产生更多新颖的想法和方案，让自己更具创新能力。

·建立一个筛选、调查、过滤和测试上述方案的可行性框架，确定下一步该做什么，有助于深入剖析自己最初的想法。

·在走入教练角色，改变沟通方式时，必须处理好这一过渡，让别人知道这是怎么回事。

辅导自己，驱动创新

在第一部分结束之际，我们到达了教练创新旅途的中点。我们可以盘点一下到此为止的收获，尤其是想一想教练式辅导对于驱动创新这一使命来说的总体好处。这实际上是在同时做两件事，我们每次在实践上文所述方法的时候，不仅是在练习使用教练工具包，同时也是在强化那些支持你驱动创新的行为。

- 喜欢观察，对任何事物都很好奇。
- 喜欢提出问题。
- 喜欢全神贯注地倾听。
- 在道路的每个转弯处寻找机会。
- 积极与他人交流，认真倾听他人看法。
- 向小圈子外或专长领域外的人学习。
- 敢于突破常规，标新立异。
- 重视自己的想法，也重视别人的想法。
- 敢于冒险，大胆试验。
- 可以接受失败，但不放过从失败中学习的机会。

首先，学会运用教练思维意味着对一切事物都要充满好奇，对什么都要感兴趣，这可以促使我们多问少讲，帮助我们多观察，多问问题，更好地开展大局思维所需要的因果联系。同时，从多讲转化为多问，这种对提问题技巧、问强力问题能力的促进，可以让你更好地成为催化剂。

如果专注于倾听（全身心投入）的话，我们就能学会高层次的关注。这种高层次的倾听可以让你更容易听出钩子，引导你发现诸多事情之间的高效、有意义的因果联系。用这种方式强化倾听技巧可以对我们的观察能力和联想思维能力产生积极影响。

接下来，培养建立熟络关系、打造信任的能力肯定会从整体上提升关系的质量。学习打造良好关系的能力有助于提升你的社交技巧，尤其是当你将"太阳模型：深化熟络关系的七种途径"用于日常工作圈子外的时候。娴熟地与其他专业、具备其他技巧的人交往，你就能从他们身上更好地学习。提升已有关系中的信任水平可以让你在尝试所有新方法时少遇害障碍，少冒

风险。

不得不提的是，实践各种教练工具和方法是一个实验过程，偶尔要承担一些风险，因为你要用新方法处理各种事情。用新方法做事情，不厌恶风险，是创新者的行为，实践证明，尝试新方法还能带来其他的积极影响。更为直接的是，在运用这些工具的过程中，你会鼓励自己和身边的其他人尝试避开困难，突破常规。其积极影响在于大家能够想出更多的方案，而这些方案靠常规思维方式是无法想出的。

另外，当你在问自己"我应该问的下一个强力问题是什么"或者决定怎样改变被教练注意的焦点时，你正在考验自己的思维过程，做自己的教练。有时候，在为了创新而辅导他人的时候，我们会下意识地开始辅导自己。具体的过程是怎样的？这对你驱动创新这一使命有什么帮助？

在你辅导自己的过程中，你的对话是与自己进行的，而不是与外界进行的。依托这种内心对话，你可以问一些和辅导别人时所问的那些强力问题相同的问题，你可以成长、学习，让自己更具创新思维。这也会让你提出更多的新颖想法和方案。当然，你必须坦诚地面对自己。在自我辅导的对话过程中，你必须像辅导别人一样执着而坚定。我们鼓励你运用这种自我辅导方法和本书中的所有模型和方法，将它们运用到你面临的问题和挑战中。在辅导自己的过程中，为了保证自己不会离开正确轨道，最好用纸笔将自己想到的新颖想法记下来。

你针对自己和别人实践这些相互强化的行为、技巧和能力越频繁，你扮演教练角色就会越自信、高效，创新就越可能成功。尝试了 CMO 模型的第一步和第二步来思考多个方案，接下来的实践机会就会接踵而至。在你拥有了多个方案和想法之后，如果你有跟进方案，并知道怎样处理上述方案和想法，你就会在创新道路上继续前行。

针对调研过程

接下来要向你介绍的框架可以用来辅导别人，也可以用来辅导自己。像之前的模型一样，这一框架的基础是在教练对话过程中，在正确的时间问正确的问题。

一旦有了新颖的想法，你就必须决定如何处理这些想法。这往往意味着你可以为你的团队、你的组织或顾客提供创造价值的新方案。任何调研过程的总体目标都是筛选和探索新颖的看法和方案，全面收集关于下一步的信息，制订最可能成功的计划。接下来需要的是一个或几个方案中不同部分的结合。

图 7–1 为 S：I：F：T 模型——针对调研过程的教练模型。

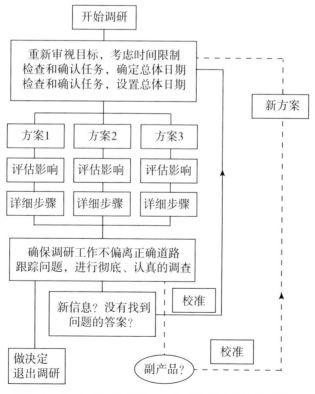

图 7–1 S：I：F：T 模型——针对调研过程的教练模型

资料来源：比安基和斯蒂尔。

119

·S： Screen Ideas（筛查想法）

·I： Inquire Using Powerful Questions（使用强力问题进行询问）

·F： Filter the Options（过滤想到的方案）

·T： Test Feasibility（检验可行性）

我们可以直接用Ｓ：Ｉ：Ｆ：Ｔ模型来做决策。在我们阐述这个模型之前，先来分析一下调研过程中可能遇到的其他问题——怎样应对模棱两可的不确定性。不确定性经常出现于创新活动的调研工作中。调研过程会让你发现相关信息，深入挖掘信息，并提供问题的答案，同时该过程可能会产生更进一步的不容易忽视的问题。深入探索这些问题可能催生相较于最初想出的方案更具创意和创新的新想法。我们将这些新想法称为"副产品"（spin-off），即调研的一个积极后果。实际上，这种副产品可以产生于任何时候。它是产生新颖想法和创造力的一些不可获取的要素共同作用的结果。这些要素是得出新的因果联系、快乐的"思维意外"、良好的直觉、多个渠道的多个新颖想法的结合。上述任何情况的发生，都会导致最初调研偏离方向，进入其他领域、方案或行动中。进入教练角色之后，必须从两方面做好接受上述副产品的心理准备。

首先，必须"装备"一系列"校准问题"，用这些问题来确定位置，指导被辅导者完成探索之旅。其次，在扮演教练角色过程中，你始终注意倾听对方，所以你会最大限度地发现可能被忽视的机会。实际上，你应该积极留意这些机会，在你发现潜在的副产品时，你应该向被辅导者提出你的建议和看法。

现在，我们来看看你可以在调研阶段用Ｓ：Ｉ：Ｆ：Ｔ模型进行深入交流的步骤和相关问题。在整个调研阶段，你要和对方进行不止一次谈话，因为被辅导者的探索过程可能要持续很多天、好几个月，甚至好几年，这取决于调研工作的复杂程度。

来自"试飞员"的建议：埃瓦尔德关于S：I：F：T模型的建议

这些问题很有效，可以帮助你从所有可能的角度分析出你想出的方案。虽然一些问题不容易回答，但是绞尽脑汁之后想出的东西含金量很高。结合这一模型，你可以充分尝试所有不错的方案。在这个过程中，每排除一个方案时，就意味着你已经进行了深入的思考，完全有理由这样做。

——埃瓦尔德，CERN（欧洲核子研究组织）电子工程师

重新审视目标

可以通过重新审视目标，开始调研过程。在开始的时候再次核对目标，可以让对方根据情况做出调整。这样对方就会产生明确的方向感，可以据此校准所有行为，并确定计划优先事项。

教练式辅导提问示例：

"你想要取得什么成果？"或"你当初的目标是什么？"

"这次也是一样吗？"

"需要做一些调整吗？"

"你还想继续实现这些目标吗？"

"实现上述目标对你／团队／组织／顾客有什么好处？"

考虑时间影响

请对方给他们的目标设定时间节点，因为这有助于推动他们按时完成调研过程。需要指出的是，对每个方案的评估完成之后，都可能需要重新调整实施整体目标的时间节点。

教练式辅导提问示例：

"什么时候实施整体目标？"

"记住，根据怎样的需要我们决定实施这一个方案？"

评估选定的方案及其影响

提醒对方客观评估选定的方案，以及这些方案实施后可能带来的影响。鼓励他们考虑利益相关者及他们的利益、对所有参与者的影响以及对所有人的影响。

教练式辅导提问示例：

"如果实施这个方案，哪些人会受到影响？"

"这个方案的实施对于所有参与者及事项均有什么影响？"

"这些想法对你最后做决定有什么影响？"

剖析选定的方案

鼓励对方考虑实施每个方案需要采取的措施。如果需要跟进措施，就把每个方案拆分为几个组成部分和对应实施方案。深入考虑需要采取哪些措施及其影响之后，对方就能够知道应该将注意力放在哪些方面，分配优先事项，做出计划。

教练式辅导提问示例：

"实施这一方案你需要做什么？"

"需要做什么，什么时候做，谁来做（如果不是你亲自来做的话）？"

"实施需要花多长时间？"

"考虑到这一点，实现整体目标的总体时间对方案有什么影响？"

"将这些内容写下来会对你有帮助吗？"

"那么，你接下来要做什么？"

追踪和观察

继续提出问题，帮助对方深入思考怎样追踪和观察调研的进度。要精心设计这些问题，确保弄清楚对方所需的资源、可能遇到的障碍、里程碑式的进展、所有相关因素，以及用于做最终决策的标准。

教练式辅导提问示例：

"实施你的计划，是否需要其他资源的配合？如果需要，怎样找到这些资源？"

"实施计划过程中，会遇到什么障碍，怎样克服这些障碍？"

"怎样追踪自己的进度？"

"怎样衡量获得的结果？"

"还有哪些应该考虑的因素你没有提到？"

"还有哪些……"

"在完成了所有的调研工作后，你最终做决策所依据的标准是什么？"

来自"试飞员"的建议：埃瓦尔德关于 S：I：F：T 模型的建议

双方可以用这一模型就提出的方案进行建设性交流。当然，你主要是负责提出问题，同时也给出建议。副产品主要出自你和对方的协作。做好收获惊喜的心理准备。

——埃瓦尔德，CERN（欧洲核子研究组织）电子工程师

校准

如果新信息浮出水面，或者之前提出的问题没有找到答案，使用校准的方法就可以帮助对方确定自己目前的立场。副产品出现之后，你就可以运用校准将这一积极影响融入到该计划中。提出问题可以帮助对方了解已经掌握的信息对方案

的影响，进而帮助他们处理不确定性，调整计划，定义新机会，采取措施。

教练式辅导提问示例：

"到目前为止，你了解到哪些影响，这些影响具体来说是什么？"

"考虑到这一情况，你目前需要做什么？"

"如果这一方案仍旧可行的话，需要具备什么条件？"

"这个方案对你及你的团队、组织、顾客有什么影响？"

"怎样让该方案经过修改和调整之后仍旧有助于实现你的整体目标？"

"你发现了哪些隐含的新机会？"

"你能想到其他哪些方案？"

"现在你需要采取的具体措施是什么？"

"在这个阶段，继续向前需要再掌握哪些信息？"

"你还需要什么其他资源？"

"目前需要克服哪些障碍，怎样才能克服这些障碍？"

"这个阶段是否还需要考虑其他因素？"

"那么，你接下来应该做什么？"

如果想把工作做深、做细，就要将自己在这些阶段的思考过程付诸纸笔，帮助你梳理思路，做好计划。

在分拆选定方案，考虑如何追踪及观察调研工作之后，还需要考虑很多事情，付出很多精力，因此，一定要将想到的事情全部记录下来。

在附录Ⅲ中，我们为大家提供了两个表格。第一个表格（S：I：F：T模型综览表）是对所有备选方案的简要概括。填写这个表格，可以帮助你做出对比和初步判断，让人一眼就可以了解到很多基本要点。第二个表格（S：I：F：T模型方案表）将引导你逐一填写方案内容、需要采取的必要措施以及制订详细计划所需的具体信息。

为了让你轻松上手，帮助你在调研过程中进行辅导，附录Ⅳ是一个案例研究，它清晰地告诉你怎样将Ｓ：Ｉ：Ｆ：Ｔ模型付诸实践。案例研究包括填写好的Ｓ：Ｉ：Ｆ：Ｔ模型综览和Ｓ：Ｉ：Ｆ：Ｔ模型方案。

Ｓ：Ｉ：Ｆ：Ｔ模型不但是一种针对个人的方法，而且也适用于团队。在这两种情况下，这一模型对于小型或大型创新活动都很有效。对于更为复杂的问题，可以参看附录Ｉ，在这里你可以发掘一些灵感。你可以将这些灵感融入Ｓ：Ｉ：Ｆ：Ｔ模型，因为这些问题与具体形势非常吻合。在使用Ｓ：Ｉ：Ｆ：Ｔ模型之前，确保将所有用于和产生自该调研过程的问题记录保存下来。在营造创新氛围的过程中，所有的想法都是宝贵的。即使是暂时不能用于方案的实施，或现在看不出来有什么用途。因为，在目前阶段，你无法准确判断这些想法的潜在价值，也不知道将来会发生什么事情，令这些想法派上用场。

"咖啡胶囊"的成功：发现客户之路

好的想法往往需要时间将它变成优秀的产品，征服市场。这需要执着、坚持和极好的营销战略。这就是早在1976年，埃里克·菲尔在寻找好咖啡的直觉和热情的驱使下，开始创新之旅，从此坚持研究最佳营销路线时的想法。在雀巢公司工作期间，菲尔就想出了优质的蒸馏咖啡的加工方法：将高压氧注入咖啡容器里，让咖啡的香气和味道充分释放出来。在此基础上，他开发了咖啡胶囊和机器概念。（《全球咖啡评论》，2011）他在雀巢投入10年的艰苦努力，反复试验，进行内部营销，最后将想法转化为大规模生产，以"Nespresso（奈斯派索）"品牌进入市场。他担任了后来成立的咖啡公司的总经理。菲尔认为，咖啡胶囊之所以能够成功，主要原因是他将女性视为推动蒸馏咖啡文化走出传统酒吧进入千家万户的力量。2008年，菲尔在一次会议上说，销售产品不一定要让产品去适应消

费者，而是必须要找到一条让消费者来找你的路子。从最初的突破开始，菲尔的咖啡胶囊经历了一系列的循序渐进式的改进，吸引了一大批爱好环保的消费者。从 1991 年的胶囊设计到 2009 年开发出对生态十分友好的 Mocoffee 胶囊，在保护环境和生态方面，菲尔从来没有停止对这一发明的改进。菲尔曾引用他父亲的话："会发明东西，却不会把它卖出去的工程师一文不值。(《全球咖啡评论》，2011，P11)"

想法库 —— 追踪你的想法

乔伊斯·威科夫说："拥有一个能够捕捉想法，让人们全心参与开发、改进、扩展和评估这些想法的体系对于创新来说至关重要，就像是会计体系对于一个组织的财务健康至关重要一样。(威科夫，2003，P19)"现在，这些组织往往通过想法库从更多的人群中收集信息 —— 既向公司内部的人收集，也向外部的客户或从市场收集。

想法库往往是以网站的形式出现的，这些网站扮演了一个想法和建议共享平台的角色。你所在的组织也许拥有了类似的共享平台，也许是只有员工可以通过内部网络访问的某种交流平台。这两种平台都有助于收集和交流可以催生新方案的想法。你一定要充分利用手边这种形式的资源。

虽然如此，如果你下定决心做一个创新的推动者，那么这些多功能工具可能过于笼统和宽泛。你可以建立一个小规模的数据库或想法库，将你在辅导活动和推动创新过程中获得的想法分类保存起来。这样的数据库或想法库，既可以只为自己使用，也可以供整个团队使用。这意味着，你必须亲自管理这个数据库或想法库。对于供整个团队使用的数据库或想法库，团队主管和所有团队成员应共同确定一个管理办法。大家可以共同管理它，也可以轮流管理。

在建立和管理想法库的过程中，需要记住的是，它不应该成为一个没有人光顾的地方，最终成为新颖想法的"墓地"。在存储这些想法之初，不要做任何评断，但是在这之后，要定期进行更新，并进行交叉注释。甚至，还可以运用一些软件包进行归类存档。你和团队怎样使用这一想法库至关重要。一定要让这些想法保持生命力。经常将这些想法从库里取出来，重新审视一番，将新掌握的信息注入其中。大家可以在简短的团队会议上坚持做这件事。之后，大家可以一起决定怎样处理到此为止存储的所有想法。在下文中，我们将为大家介绍一个办法，帮助你定期丰富自己的想法库。

过渡阶段导航：沟通变革五步法

《牛津英语词典》将导航定义为"准确确定所在位置，规划并循着某条路线行进的过程或活动"。一般来说，这适用于现实中的旅行。我们正将你从一

个叫作"讲"的地方导航至一个叫作"问"的地方，使用的方法是培养自己走出教练角色，驱动创新的能力。现在我们在过渡和变革阶段进行导航，这将强化你在职场扮演的催化剂角色。你的交流风格将发生改变，对你周围的人会产生影响。

人们肯定会注意到你身上的变化，你近期的行为可能会让他们感到困惑，甚至有受威胁的感觉。他们可能已经习惯于你给予他们直接的指导、建议或答案，而不是像这样向他们问问题。需要很快做决定的时候，人们往往将第一个提出的、最容易实施的方案作为最终的解决方案。人们习惯于选用阻力最小的路径，因为他们认为这样可以减少他们的工作量，但是，他们却没有预料到，你现在要请他们扮演更为积极的角色，他们不得不努力尝试解决问题的新方法。

在你积极地与大家交流，和大家谈论你为什么要采取新的行事方式之际，这就为你调整行为和工作方法铺平了道路。和其他变革形势一样，你需要做的是制订一个为接下来的行动扫除障碍的沟通计划。我们建议你采用沟通变革五步法。沟通变革五步法具体方法如下：

1.谈论工作方法的改变

在向别人解释你沟通方式的改变之前，先确信你自己了解这一改变。你是在发展自己的技巧和能力，目的是成为提出新想法和推动创新的催化剂。要清楚地了解"你要做出什么样的改变，为什么要改变"。你要坚信这种改变会给自己和身边的人，以及你所在的团队带来好处。设身处地地替你的同事想一想，如果之前没有任何解释，突然做出这种改变会对他们产生什么影响？因此，你要就工作方法的改变事先与团队成员进行充分交流。

2.就这种改变进行深入交流

在调整过程中，从一开始相关的人就要参与其中，并给予他人必要的信息和安慰。要找机会与身边的人进行交流，告诉他们这一改变需要做出哪些调整，让所有相关的人清楚地知道，营造一个有助于产生新想法和创新的氛围能够带来怎样的好处。让人们知道你接下来要做的事情，会让他们能轻松地面对之后的沟通方式。你主动表现出的开放态度会营造透明度，增加彼此间的信任。

3. 让身边的人成为这种改变的一部分

不管你自己多么有信心，也往往孤掌难鸣！自然地进入教练角色意味着在与他人互动的过程中运用教练工具和技巧。你需要尽可能多的实践机会。尤其是刚开始运用模型等提升自己信心和能力的时候，提前告诉人们你要运用一种不同的行事方式会对你调整工作方式有帮助。尽可能多地就这一过程与他们进行交流，必须消除他们的紧张感，征求他们的合作。如果你是团队的主管，也一定要这样做，让大家知道，不管是对于他们，还是对于你自己，这都是一个陌生的领域。如果大家成为共同学习过程的一部分，你就可以更加放心地让他们大胆试验，公开使用支持材料，甚至在开始的时候犯错误。

4. 证明这种改变的好处

运用任何教练工具或技巧都会给和你交流的一方带来影响，因此你需要证明这种工具或技巧确实有用。要征询他们对这种工具或技巧的反馈意见，对你新的工作方式的看法，间接地询问哪些方面做得好，哪些方面还可以改进。如果你是团队的主管，你想将新的工作方式引入团队中，那么，你就可以做得更多，可以用正式或非正式的方式就新工作方式的影响定期展开交流。你要强化积极的体验，主动分析和调整方法，坦诚地与大家讨论。让别人看到你也可能质疑这个过程，也会向同事学习，可以强化对你们一起营造的新团队文化的认同感。

5. 将这种改变坚持下去

将这种改变坚持下去，并向大家宣传这种改变的好处。在身边组建一个支持网络，将目光投向公司内外，寻找那些像你一样相信教练方法驱动创新效果的人。与他们分享你的体验，探索在工作上运用教练方法产生新想法的

好处。这不仅会加快你的学习过程，你还可以避免在这个过程中被孤立。

以上五个阶段如表7-1所示。

如果你将这种教练方式作为一种驱动创新的方式引入到工作中来，那么这对你来说将是一个巨大改变，你会发现如果你积极运用沟通变革五步法，始终表现出你在这方面的执着，那么这种推动创新的实用教练工具就可以达到极佳的效果。要让人们知道你的决心和执着，让他们感受到你的改变是真诚的。

表7-1　　　　　　　沟通变革五步法

阶　　段	作　　用
1. 谈论工作方法的改变	・了解这一改变 ・清楚地了解你要做出什么样的改变，为什么要改变 ・思考这一改变对周围人的影响
2. 就这种改变进行深入交流	・告诉大家这一改变需要做出哪些调整 ・强调这一改变对相关人员都有好处 ・心态开放，做事透明
3. 让身边的人成为这种改变的一部分	・告诉人们你要尝试一种新的做事方式 ・与他们分享有关这个过程的信息 ・让他们成为共同学习过程中的一部分
4. 证明这种改变的好处	・征询反馈意见 ・间接地询问哪些方面做得好，哪些方面还可以改进 ・坦诚地与大家讨论
5. 将这种改变坚持下去	・将这种改变坚持下去 ・在身边组建一个支持网络 ・与大家分享你的体验，探索这种改变的好处

资料来源：比安基和斯蒂尔。

总　结

1. 积极地实践并运用实用的教练工具进行创新，你就培养和强化了自己的教练技巧和行为，让自己更加高效地完成驱动创新这一使命。

2. 通过辅导他人共同创新，你可以延伸你的思维过程，开始无意识地辅导自己，做自己的教练。

3. 在营造创新氛围的过程中，所有想法都是宝贵的，都应该妥善保存，将来好派上用场。你可以通过建立想法库来做这件事。

4. 在调研过程中，运用 S：I：F：T 模型来筛选、了解、过滤和检验想法、初步方案，收集决定下一步该做什么所需要的足够信息。接下来需要的是一个或几个方案，或不同方案中不同部分的结合。

5. "副产品"是调研过程产生的积极影响。调研过程可以催生新的想法。这些新想法可能比最初的想法更有创意，更富创新性。要运用校准问题来应对不确定性，为修正后的探索旅程"导航"。

6. 要把工作做深做细，将自己在 S：I：F：T 模型每个阶段的思考过程付诸纸笔可以帮助你梳理思路，做好计划。

7. 在通过导航进行从"讲"到"问"的过渡时，你的交流风格将发生改变，可能令你周围的人不适应。运用沟通变革五步法，制订和实施一个沟通方案，为接下来的改变铺平道路。

实用教练式辅导工具为你运用教练技巧驱动创新奠定了基础。和所有工具一样，你越是经常使用它，你对自己越有信心，使用的效果越好。等熟悉了之后，你就会发现，这些工具非常灵活，适用于很多种情况，能解决各种各样的具体问题。

(反思和实践练习)

使用"学习日志"，记下你对以下几点的思考和回答。

·使用对调研过程的教练模型。进入辅导别人或自我教练的角色，寻找使用 S：I：F：T 模型的机会。如果你将这一模型运用于其他人，那么就要问他

们哪些方面做得好,哪些方面还可以改进。当你将这一模型运用在自己身上时,要思考哪些方面做得好,哪些方面还可以改进。

· 制订属于自己的交流计划。将沟通变革五步法作为基础,制订一个交流计划,用以管理从"讲"到"问"的过渡,并将它付诸实施。

第二部分

团队的大局思维

第八章 \ 营造"1+1＝3"的文化

【本章要点】

在本书的第二部分中，我们讲述怎样把教练技巧作用于团队和个人合作之中。大局思维往往活跃于人们团结一致、同舟共济的文化中。在这种文化中，整体的力量大于个人力量之和。要营造这种团队文化，要首先相信大局思维可以为团队增添价值，人多才能创造更好的大局思维。我们一起分析：

·什么是大局思维，哪些方面需要大局思维？它与产生创意的文化、探索营造这种文化所需的要素有什么关系？

·是否需要为想要思考新颖想法的团队制订行为守则，是否需要列出高效团队精神的要素？

·支持团队产生新颖想法的动力是什么？我们将提供解决问题的方法和工具，让你拥有克服障碍的变革动力。这些方法和工具包括管理团队内部冲突的模型。

大局思维及思维衍生文化

我们基本上已经讨论过了你应该怎样进入教练角色，并与团队成员逐个

进行一对一交流，鼓励对方扩大思维视角。现在，我们将一起探索怎样将教练技巧用于团队工作中，怎样组织有助于产生创造性想法的会议，并最终一起寻找新颖的想法。前文中我们讲到，人们为了一个共同的想法汇集到一起，共同实现这一目标是激发和获得新颖想法的最有效途径之一。创造和创新不是一个人能做到的事情 —— 新颖的想法和多个备选方案一般产生于团队合作的情况下。在《管理创造和创新》(*Managing Creativity and Innovation*)一书中，作者写道："世界最重要的发明里，相当比例的发明是技巧互补的多个团队共同合作的结果。(《哈佛商业评论》，2003 年，P81)""团队相较于单打独斗的个人，能够获得更为优秀的创造性产出，因为团队拥有更多的专业技术、洞察力和精力。(《哈佛商业评论》，2003 年，P84)"换句话说，相较于一个人的智慧，大家汇集在一起，可以获得更为广阔的思维视角。

我们这样定义大局思维：

> 能够产出超越常规思维的想法——建立新的因果联系，做先前没有尝试过的事情，用新方法去做之前做过的事情。

具有大局思维的人不会满足于第一个想到的想法，也不会轻易满足于现状。大局思维会提醒你对现状进行"临界评估"，为的是让你确定哪些方面有效，哪些方面无效。其变化不一定是彻底的，你可以成功地将新的东西与之前的东西结合在一起，也可以只采用全新的东西。

谷歌眼镜：超越常规思维

"我们设计谷歌眼镜，为的是打造一种无缝、美观、有利于提升个人能力的技术，是通过你的眼睛一起看世界，以最快的速度获得答案和最新信息。它在你需要时召

之即来，在你不需要时挥之即去。"

Google X 已经开发出了谷歌眼镜，这是一款无须握在手中即可使用的、外观类似智能手机的电脑。通过声音控制，用户可以使用谷歌眼镜的大量功能，其中包括内置拍照、摄像。如果通过 Wi-Fi（无线网）或蓝牙联网，用户可以使用更多功能，比如 GPS（全球定位系统）、实时聊天、接发短信、翻译和谷歌搜索等。该技术目前尚处于试验阶段——谷歌公司已经委托一批"眼镜探索者（Glass Explorers）"来验证这项技术，看它是否会受到大众市场欢迎。

为什么需要大局思维？一方面，在你需要迅速解决眼前的问题，而资源很有限、解决问题的方式还必须有创造性的时候，大局思维是一个必须且紧迫的选择；另一方面，选择大局思维视角，积极地扩大思维视角，还有很多其他原因，即使不为形势所迫、资源充足时也是如此。

社会对大局思维的需求近年来有所增加，将来只会更上一层楼。越来越多的分析表明，在一个迅速变化的世界里，旧的做事方式和狭隘的思维回报越来越少，将来的工作需要拓展更多具有可持续性的模式。这对我们的工作有什么影响？客户告诉我们，变化的速度很难管理，模棱两可和不确定性是常态，竞争已趋白热化，我们需要源源不断的竞争优势，因为我们都拼命在这个市场占据领先地位，而这个市场的消费者在不断要求更多、更快、更大、更好、更廉价！

客户还经常告诉我们，形势要求他们必须运用更少的资源做更多的事情——从竞争中胜出，并且一再削减成本和利润。他们清楚地知道，金融市场和消费者都希望他们明确采用更具可持续性的经营方法。更为明智的企业希望顾客看到他们在充分利用资源，而不仅是把这一概念挂在嘴上。不管背后的动力是什么，在这个充满挑战的时代中，在激烈的竞争中保持领先、处理模棱两可和不确定性都意味着你必须直面这一挑战——摸索管理已知领域和未知领域的新方法。

奇怪的是，人们往往用迅速、容易或很明显的解决方案来应对这一挑战。想办法拼凑一个解决方案往往是人们下意识最想做的事情，但是，这样做会阻碍你投入适当的时间和精力进行能够产生长期的、更具可持续性的解决方案的预防性思维或战略思维。最终，这种短期思维会让你进入一个很难摆脱的恶性循环。你甚至会发现，同样的问题会反复出现。爱因斯坦曾经说过，我们无法用最初导致某个问题的思维方式来解决这个问题。只有换一种思维方式，想出更多的备选方案，才能增加获得不同结果的概率。做到这一点的最佳办法之一就是运用团队的力量，营造一个有利于大局思维繁荣发展的衍生文化。

当然，理想的情况是，整个组织都分享同样的文化。如果你幸运地就职于这样的组织，那么，作为一个变革的推动者你很容易调整自己和团队，并将这一文化融入你们的做事方式中。一旦这种思维衍生文化形成气候，你甚至可以将多个组织的创造力及专业领域结合在一起，一起攻克某个创新项目。如果你所在的组织还没有形成这种思维衍生文化，那么，你作为变革推动者的职责就更为重要了。你的每一步都是在朝着正确的方向迈进。

获得大局思维的跨领域方法："眼部电话"

来自圣安德鲁斯大学（University of St Andrews）、伦敦卫生和热带医药学院（London School of Hygiene and Tropical Medicine）、英国国民保健署大格拉斯哥和克莱德协会（NHS Greater Glasgow and Clyde）的科学家在全球健康领域实现了一个突破。他们运用现有的移动技术，让地处偏远的人们也能接受眼疾诊断。这些眼疾包括白内障和由其他原因导致的眼疾。运用一个叫作"Peek Vision（皮克眼科检查）"的App、一部智能手机、

一个用夹子固定的小设备（clip-on hardware），医生就可以检查病人视力是否存在问题，诊断白内障和其他影响视力的疾病。Peek 系统储存了每个病人的联系信息和 GPS 数据，为病人的进一步治疗提供了一个新颖的办法。这一技术当前还处于试用阶段。试用者是肯尼亚纳库鲁（Nakuru）地区的 5000 位居民。试用的目的是检验这种办法是否可以和医院昂贵的专用设备相比较。雷纳夫·法因斯爵士率领的南极探险队也试用过 Peek Vision，为的是评估探险队员的眼睛和视力是否因为长时间地暴露于寒冷和黑暗中（有人认为这种情况与太空中的宇航员遇到的情况相类似）。而受影响（圣安德鲁斯大学，2013）

如果循序渐进地进行，将这个任务分拆成几个部分，可以让事情变得更容易一些，深入了解"文化"的概念有助于营造创新文化。菲利普·罗辛斯基认为："一个群体的文化是所有成员独特特点的组合，这一组合让这个群体有别于其他集体。"他接着说："它既包括可以看见的东西（行为、语言和器物），也包括看不见的东西（规矩、价值观、基本假设或信条）。（罗辛斯基，2003，P20）"

当我们第一次接触某个文化的时候，我们往往会马上看到人们的行为举止、他们的言语交流方式和他们使用的语言，以及任何能体现他们共同文化的事物的名称。接下来，我们会注意到那些只有经过较长时间接触这种文化时才会明显注意到的东西。规矩是整个群体共同认可的规则和准绳，告诉人们在群体中正确的行为方式。价值观是每个群体都看重的完美的行事标准。信条是一个群体在其文化内认定可信或不可信的基本假设。价值观和信条密切相关，相互影响，同时也影响规矩的形成。这三者构成了驱动行为的"引擎"。对于渴望营造一个有助于产生新颖想法的创新文化的你，了解这项概念

有什么帮助?

我们用埃德加·沙因的有关冰川的比喻来解释有助于产生新颖想法的创新文化的各个组成部分。冰川露出水面的尖部代表有助于产生新颖想法的、可以看到的外部行为。这些行为是由团队内部驱动的。在下文中,我们将这些规矩称为"行为规范"。如果不细心观察,水下的部分是看不到的。从冰川位于水下的部分,你会发现一个具有创新文化的团队所共同拥有的价值观、信条和规则。这些共同的价值观是信任、透明度、多样性、包容、大局思维。在前文中,我们讨论了信任和透明度的问题。多样性和包容,作为一个重要元素,意味着重视一个多样化群体所具有的丰富性和这一丰富性背后的一切。它意味着每个人都是贡献者,都是这个群体不可缺少的组成部分。将大局思维看作是一种重要元素,意味着出于拓展思维边界目的而做事情是理所当然的,如图 8-1 所示。

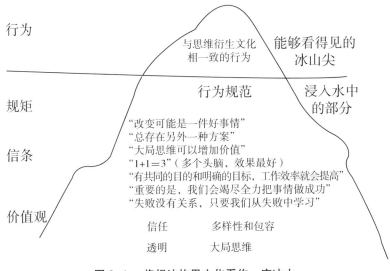

图 8-1　将想法构思文化看作一座冰山

思维衍生文化的核心信条就是改变、大局思维、促使团队发挥最佳水平及发扬团队合作的好处。不是每个人都会自动地认同上述信条,虽然团队的部分成员已经很自然地接受了这些看法。如果你和其他所有团队成员都坚定地接受这些信条，将这些信条看作正确的东西并依其行事，那么，这些信条就会变成一种自我实现的预言。你就会更加认真地寻找证明这些信条的正确迹象。随着时间的推移，这就会形成一大堆能够自然而然地证明这些信条正确的积极证据。从长期来看，因为价值观和信条相互支持，这会对团队的共同的价值观产生影响，帮助你强化这些价值观。

如果想要改变身边人有关文化的信条和价值观，你一定要对结果抱乐观的态度，但是在乐观的同时还要现实地看待问题。改变文化不是一件轻而易举的事情。如果你没有幸运地投身于一个已经形成了想法构思文化的组织，改变文化就是你需要面对的一个挑战。

在营造上述文化过程中，影响团队看法和价值观的办法之一是明确规则，为所有团队成员的相互沟通提供明确的行为指导。慢慢地，这些规则就会深入人心，人们就会知道团队内部的做事方式。这些规则就会成为团队内部思维衍生的行为规范。给大家举一个有关这种系列规则的例子，下面是与我们合作的一个团队制定的内部行为规范。

我们团队进行思维衍生的行为规范

（1）我们有明确的目标，知道我们想要得到什么。

（2）我们会积极地提出建议和意见。

（3）我们互相倾听。

（4）我们彼此尊重对方，尊重对方的看法。

（5）我们从善意的角度理解对方的意图。

（6）我们不会止步于第一个想到的方法。

（7）我们从来不想当然，我们喜欢问问题。

（8）我们接受任何结果，并共同承担责任。

（9）我们从错误中学习。

（10）我们要想办法看到别人和我们自己身上积极的意图。

上面列出的行为规范也适用于你的团队。但是，团队在工作中根据情况制订自己的规则更容易令人接受。在下文中，有两种活动可以帮助你做到这一点。

有关文化差异的积极视角

文化可以分为民族文化、公司文化、组织文化、部门文化、职业文化等，甚至不同的家庭也有自己独特的文化。文化对我们的每个行为都会有影响，它影响我们怎样看待时间，怎样安排自己的生活，怎样定义我们的目标，怎样看待权力等。文化会导致不同的，他人往往无法理解的认知、价值观、信条、行为和规矩。（斯蒂尔，2011）文化取向指的是我们用某种在文化上与很多参数密切相关的方式思考、感知和行动的倾向。因此，文化还影响人们的交流，有时候会成为双方交流的核心障碍。

想要高效处理文化差异，需要记住的是："差异就是差异，无所谓好还是坏。（斯蒂尔，2011，P20）"菲利普·罗辛斯基阐述了如何"利用文化差异"或"最大限度地利用这些差异"。（罗辛斯基，2003，P40）"利用意味着积极研究各种文化，用新颖的方式发现不同文化视角的精华。利用的目的在于打造协同优势，打造一个大于各种文化简单相加的结合体。（罗辛斯基，2003，P40）"

让团队形成一个思维衍生文化，同时从"讲"过渡到"问"，需要考虑很多事情。在上文中，我们与大家分享了沟通变革五步法，支持这一变化。

在你开始改变团队成员的信条、价值观和行为规则之前，你就应该运用这一方案与团队沟通，这样他们可以清楚地知道你要做什么。让每个人从一开始就参与到这一改变中来，为他们提供信息和信心，这一点至关重要。

不管你是团队的主管还是普通成员，这对你的影响都是一样的。但是，如果你是一个普通的团队成员而不是主管的话，你就可以直接将沟通变革五步法运用于你的团队主管，获得他的深度认同。最理想的情况是，接下来，你们可以一起努力实施这种改变。

虽然如此，你可能仍旧发现自己在逆流而动，因为该组织的各个层次、各方利益相关者都对你的想法没有兴趣，或持怀疑态度，或公开阻拦。甚至，你连自己的主管也很难说服！这时不要泄气，任何文化上的改变都需要时间、投入和坚持，需要从各个方面推行。你能够说服的人越多，那些心存怀疑的人就越难以坚持和反对。

面对阻碍的时候，设身处地站在反对者的位置上，想一想他们为什么这样做。你会因此获得一些不同的看法，从而弄明白造成这些阻碍的根本原因，制定克服这些障碍的战略和办法。进行一个非正式的利益相关者分析，问自己几个问题：

- 这个利益相关者是谁？
- 他们的需求和利益是什么？
- 激励他们的因素是什么？
- 对于营造思维衍生文化的必要性，他们了解多少？
- 他们抗拒的原因是什么？
- 如果我是他们，要想说服我，应该问什么？
- 要想克服这种抗拒，我个人应该做什么？
- 他们会问我什么问题（我好提前准备好怎样回答）？

团队怎样发挥出最佳水平

如果你深切地了解团队怎样才能发挥出最佳水平，营造思维衍生文化的努力就更有可能成功。如果要列出优秀团队应该具备的一系列理想的要素，那么其内容很可能是下面这个样子。其中的一些要素你可能很熟悉。

（1）使命和目的：拥有共同的目标，共同确定团队愿景可以给团队提供一个明确的方向，让团队成员了解目前的工作。

（2）明确的目标：团队的目标来自于使命。明确使命和结果可以清晰衡量多个目标的价值。

（3）明确运作指导：从开始就确定团队怎样合作至关重要，确定一个大家共同认可的行为规范，为团队提供高效沟通的行为规则。

（4）身份感：让团队里的每个成员都产生归属感。虽然这需要时间，需要等到大家拥有共同的价值观时，这种归属感才最有可能真正发展和建立起来。

（5）信任和透明度：如果团队成员彼此坦诚，心态开放，大家都心怀善意，能力可靠，言出必行，那么就很容易营造和发展信任关系。

（6）包容：让每个团队成员都有受重视、被尊重的感觉，感到自己是团队的一部分。

（7）高效的领导：领导者的职责是为团队提供一个焦点，推动团队工作，让每个人各司其职，坚持正确的方向。

（8）互补、多样的技巧与能力的结合：团队成员各有所长，能够相辅相成，提供多样性。

（9）处理好协调和挑战之间的关系：设法实现和谐相处与创造性摩擦之间的良好平衡，教育团队如何处理好上述两种情况。

（10）共担责任：团队成员共同为结果承担责任，每个人要对承诺和任务负责。

（11）自我监督和自我评价：团队成员愿意坚持评估和衡量自己对团队工作的贡献，经常相互提供公开而富有建设性的反馈。

（12）时间框架和明显的制约因素：团队至少应该清楚必要的或现有的期限，以确保工作及时完成，并且在完成工作的过程中考虑到潜在的障碍。

（13）调整措施的必要：必须经常对团队工作进行跟踪，以便及时采取调整措施，确保实现目标。它能够让团队更好地适应情况的变化，更加灵活、及时意识到是否需要采取惩戒措施。

上述要素是团队共同实现目标的基础，与驱动创新的使命也高度相关。不管是团队主管还是普通成员，都有责任让上述要素成为团队日常工作的一部分。

如果你是团队的领导者，你想奠定驱动创新这一使命的基础，一些东西可以为你的管理方法提供指导。你会发现，考虑到很多因素，例如，团队形成的阶段、团队要实施的任务的性质、每个人的技巧和能力、团队成员执行该任务的意愿等，你可能需要一系列方法来实施这一任务。除了从直接管理逐渐向参与型管理过渡，在需要的时候，把工作交给别人去做之外，你还可以使用另外一种办法，那就是将教练法当作你的管理方法之一。将教练思维运用于团队的合作之中，这样做好处多多。其中思维衍生的一个最重要的优势是运用教练方法的团队领导者会对团队成员的能力做出积极贡献，他们不但能拓展自己的思维能力，还能发掘团队成员的潜力。另外，通过展示你的教练方法，你可以成为团队成员的角色模型，帮助他们学会提出更多问题，更用心地倾听。

不管你是团队的领导者，还是普通的团队成员，在主动打造一个高效团队方面，具备上述优秀团队的所有要素是一件至关重要的事情。这意味着高度的投入和某种程度的倔强，最重要的是，如果你不能让整个团队都参与进

来，就无法成功拥有上述所有要素。每个团队都是特殊的。团队的发展动力
因为团队的组成和遇到的情况不同而不尽相同。

寻找团队变革的动力

某些变革的动力更适合推动团队实施大局思维和思维衍生，而不是仅依
靠个人。

研究表明，团队中有一种被称为"集体智慧"的东西，也叫"团队实施
各种任务的总体能力"。（沃利等人，2010，P1）在之前的两份研究的报告里，
几位作者的结论是团队成员的平均个人智慧无法直接预测团队表现，而集体
智慧却可以。证据再次指向"整体的力量大于个人力量之和"。集体智慧似乎
还产生于团队成员在一起的互动，上述研究指向这样一个事实：这种交流过
程中的轮流发言（即团队成员平等地分配发言时间）和众人之间的平均社交
敏感度（average social sensitivity）与集体智能密切相关。

求助于集体智能，让它帮你构思想法时，一定要确保为每个人都提供了
畅所欲言的空间，并且要培养自己和其他团队成员的社交敏感度。具有了这

种团队变革的动力，就可以观察到团队成员之间的很多行为以及培养提高高度的社交觉察度和社交敏感度。另外，团队成员还要实现和谐相处和创造性摩擦之间的平衡，并能够管理好多样性的创造性摩擦。

现在，我们集中笔墨阐述阻碍思维衍生的三种情况。虽然它们并没有囊括所有可能，但会给你提供一些很不错的工具和技巧，帮助你和团队一起更加娴熟地获得思维衍生的最佳动态。不管你是一个团队领导者，还是一个想要驱动创新的普通团队成员，你都有机会推进思维衍生文化。我们提出的建议既适用于团队领导者，也适用于普通团队成员。下面，我们就你应该说的话和应提出的教练型问题为大家提供一些示例。

1. 如果交流过程由少数几人主导怎么办

不要落入只让少数几个人主导交流过程的陷阱。团队中声音最大、说话最多的人成为大家瞩目中心的代价，是大家听不到那些不爱说话的、性格内向的人的看法。

 团队领导者如何解决问题

坚持公平原则，让每个人都有均等的发言机会。

你应该怎么说（示例）：

"谢谢大家的发言。现在，我想听一听尚未发言的其他人的看法。"

"为了扩展视野，我们把发言机会让给其他人吧。"

"这个想法很有意思。××，你说得很充分了，有的人一直没说话，我想听一听 ××× 在这件事上的看法。"

对普通团队成员的建议

一定要让所有同事都有发言的机会，给其他人留下时间和空间。如果团队主管没有明确阻止少数几个人主导整个交流过程，那么你可以提出要求，

告诉大家让每个人都有机会发言的重要性。

你应该怎么说（示例）：

"为了让我们的讨论更加全面，我很想听一听尚未发言的其他人的意见。"

"约翰，你说的话很有道理。我想听一听菲尔怎么说……"

你甚至可以考虑进行一次单独的谈话，谈话对象可能是你的主管或那些喜欢长篇大论的同事。另外，如果你也是一个很少发言的人，想一想这样一个事实：团队的成功也需要你的建议。

2. 如果团队在社交敏感方面欠佳，怎么办

提高团队的社交敏感度，发现有助于了解他人情绪状态的信号并做出响应，是营造创新氛围、让新颖想法发芽的必要步骤。人们只有感到被倾听、受重视、受尊重，才会敞开心扉，积极参与交流。有关社交敏感度的多个方面，基本上都已经在前文中介绍过了。在那里我们还讨论了制订指导相互交流的行为规则的重要性。

 团队领导者如何解决问题

不要对违反上述行为规则的行为视而不见，如果这样，这种行为就会变成一种常态。一旦发生这种事情，要立即采取纠正措施。

你应该怎么说（示例）：

"请允许我提醒你们，我们都同意……我希望大家都能够做到这一点……如果大家都遵守规矩，我会很感谢大家。"

如果仍然有人继续违反规则，可以与这个人单独谈话，运用第三章所学的技巧，把你的看法反馈给对方。

 对普通团队成员的建议

普通团队成员需要谨记的是，提升社交敏感度，遵守团队规则是你的责任。

如果你的团队不听从主管提出的遵守团队规则的要求，那么，你要旗帜鲜明地支持团队主管，明确告诉大家这些行为规则对你来讲也很重要。

你应该怎么说（示例）：

"我想说的是，我们的行为规则对我来讲也很重要。我们都同意这样的规则内容，遵守它对我们大家都有好处。"

3. 如果团队内部冲突可能会阻碍高效的团队变革的动力，怎么办

有利于思维衍生的团队变革动力还需要哪些因素？优秀的团队合作需要的两个重要因素是互补的多种技巧与能力的结合、妥协和质疑之间的平衡。在团队生成新颖想法方面，这些是最基本的。"和谐相处"是一件让人惬意的事情，因为它可以营造一种"安全"的氛围，让人们在相互信任和尊重中聚集到一起，分享自己的看法。但是，如果每个人想的都和别人一样，人云亦云，那么他们只会提出同样的想法。这种群体思维会制约批判性思维和创造力。激发创意火花所需的肥沃土壤产生自形形色色的思维方式和各种各样看待这个世界的视角。各种思维过程、文化、职业经历和背景、技巧和能力、国籍、性别和许多其他差异融合、碰撞，增加了形成大局思维的概率。但是，虽然提出不同看法是可以被接受并受欢迎的，但同时，这也可能成为产生冲突的温床，如果不能妥善应对，日后就会失控。

 团队领导者如何解决问题

很多办法都可以高效地处理冲突。不要以为冲突可以自生自灭而不去处理它。当你注意到当事双方的语调、语言、行为、面部表情出现紧张迹象的时候，就要请他们保持冷静，鼓励持不同观点的人进行开放的、有建设性的讨论，设法找出分歧背后的原因和动机。让人们的注意力回到可以让整个团队受益的解决方案上来。

在这方面，教练技巧可以发挥很大作用。你还可以运用 CMO 模型的改造版（见图 8-2）。

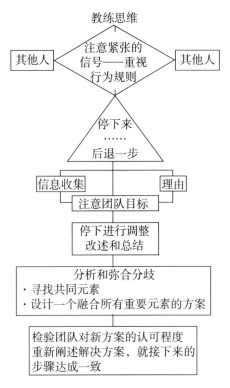

图 8-2　用于团队冲突管理的 CMO 模型改造版

资料来源：比安基和斯蒂尔。

对普通团队成员的建议

如果你是冲突中的一方，那么你往往只会从自己的角度看问题，没有重视另一方的观点和看法。这时候，后退一步，想一想，你需要的是有利于整个团队的建设性的解决方案和双赢结果，想一想大家想要共同实现的目标是什么。然后努力去理解和欣赏对方的视角，请对方解释一下他们的想法。之后，请他们投桃报李，让你也解释一下自己的想法。最后，寻找双方的共同立场，想办法解决分歧。

团队冲突管理模型

这一模型是前文中 CMO 模型的改造版。经过改造之后，CMO 模型就成了处理团队冲突的模型。团队领导者和团队普通成员都可以使用这一模型。团队领导者可以很轻松地逐步解决冲突。如果你是普通团队成员，也不属于冲突的双方，你也可以利用这一机会进入教练角色，帮助团队找出一个解决方案，为了整个团队的利益寻求一个双赢的结果。问问其他团队成员和团队领导者，看看他们是否愿意让你带头。

注意紧张的信号——重视行为规则

当你发觉形势紧张的信号，注意到两个或两个以上不同观点成为激烈辩论的焦点，而且辩论的激烈程度已经让人感到不愉快、不舒服，或对于团队既定目标没有任何建设性时，你的第一项干预措施就是呼吁大家冷静，让大家关注团队成员共同认可的行为规则。

你应该怎么说（示例）：

"大家有些激动，我提醒大家关注我们都认可的行为规则。"

停下来……后退一步

如果你的呼吁不起作用，双方差异明显难以消除，就要停止辩论，让整个团队和你一起后退一步。

你应该怎么说（示例）：

"我们先停下来，冷静地分析一下眼前的情况。"

"一般性讨论到此先告一段落，我们先把这个问题弄清楚。"

信息收集 / 理由

观点一旦形成将难以改变，人们往往会产生一种要向他人解释自己想法的冲动。这时候，一定要给有分歧的各方提供解释自己想法的时间和空间。在这个过程中，你还要向他们提出一些很好的教练型问题，鼓励每个人都认

真倾听其他人的解释。

收集分歧各方信息的教练型问题（举例）：

"你能解释一下你的这一看法吗？"

"你的看法具体是什么？"

"你们在什么角度看法不一？"

请分歧各方说出各自理由的教练型问题（举例）：

"你的观点是怎么得出的？"

"这么说的依据是什么？"

"你为什么会这么想？"

注意团队目标

要提醒大家关注团队想要一起实现的目标是什么。一定要确保分歧各方和团队不要忘记共同目标。团队目标的实现比任何分歧都重要，分歧各方应该认识到寻找解决方案、推动他们实现这一目标的重要性。有时候，根据分歧的具体情况，团队为了推进目标实现，可能需要对这一目标进行微调。

你应该怎么说（示例）：

"我们都认为我们要努力实现的目标是……"

停下进行调整

在这一步，需要改述和总结分歧双方的观点，将不同的观点放在团队目标的背景中。告诉分歧双方你理解他们的看法。

你应该怎么说（示例）：

"到目前为止，我们听到的几种观点是……（依次改述和总结每个观点）我的理解是否正确？"

"有没有要补充的内容？"

"这一看法怎么与我们团队要实现的目标相匹配？"

分析和弥合分歧

根据对"停下进行调整"中问题的回答，请分歧各方以及团队其他成员牢记团队目标，寻找不同观点的共同点，思考对于分歧各方都至关重要并对实现团队目标来说必不可少的元素。目标是通过融合分歧双方共同点、尽可能多的重要元素、能够让这一替代方案成为双赢解决方案的替代方案的所有新元素，最终打造一个双方都能接受的方案。让团队所有成员参与讨论可以打开通向更多创造性解决方案的大门。

向冲突各方提出的教练型问题（举例）：

"你要坚持的观点是什么，为什么？"

"这对我们实现目标有什么帮助？"

"记住我们的目标，哪些看法可以放弃？"

向整个团队提出的教练型问题（举例）：

"这些看法中，你们认为其中的共同元素是什么？"

"哪些元素对于实现目标至关重要？"

"现在，哪些元素可以帮助我们找到一个推动目标实现的解决方案？"

"我们怎样才能将这些元素融合到一个所有人都能接受的方案里去？"

检验团队对新方案的认可程度

在过程结束之前，要确保每个团队成员都接受并认可新的方案。重述选定的新方案，确认他们认可这一方案以及如果需要采取其他措施，需要采取什么措施，由谁在什么时候实施这一方案。

教练式辅导提问示例：

"是否还有其他需要考虑的方面？"

"现在，是否大家都同意实施这个方案（重述这个方案）？"

"为了确保方案成功实施，我们需要采取什么措施（谁来做，什么时候做……）？"

也许你能在一次交流乃至最初出现冲突的那次交流中，完成这一模型的所有步骤。如果你觉得相关问题需要更长时间才能解决，那么不要犹豫，约定一个今后再次交流的时间。同样，如果需要与分歧双方进行深入的单独交流才能找到解决方案，那就等到分歧双方达成一致之后再回到团队中。虽然这不可避免地会拉长整个交流过程，但是可以在冲突产生之初就立即高效地解决掉它，避免阻碍整个团队的长期发展。

总　结

1. 社会的迅速变化让大局思维变得更为重要。我们需要更多产生自大局思维的、具有可持续性的模型帮助我们超越常规思维，发现新的因果联系。

2. 利用团队的力量营造有利于大局思维广泛运用的思维衍生文化对于创新来说至关重要。在这种文化里，团队很容易思考出能增大产生创新成果概率的多种方案。

3. 如果我们将营造想法构思文化拆分成几个部分，就会比较容易完成这项任务。要综合运用团队的价值观、信条、规矩。这些元素会一起形成推动团队创新、产生新想法的引擎。

4. 思维衍生文化需要规则来为团队提供明确指导，让大家知道应该怎样相互交流。随着时间的推移，这些规则会成为团队内部的行事方式，成为大家的行为守则。

5. 很多重要元素可以提升团队效率。如果你是团队的领导者，一定要让团队尽量具备这些元素，让团队所有成员都参与到这件事中来。

6.公平分配发言时间、打造高度社交察觉 / 敏感能力、平衡和谐相处与创造性摩擦，这些构成了推动想法构思的团队变革动力。

7.运用 CMO 模型改造版来处理和管理团队冲突。

不管你是团队领导者还是普通团队成员，每个人都可以通过运用教练式方法打造高效团队，成为大局思维的催化剂。营造整体力量大于个人力量之和的团队文化可以让你充分利用团队的集体智慧，获得新颖的想法。"1 + 1 = 3"！

第九章 \ 创新团队模块化

本章要点

在这一章里，我们将讨论你和团队应该怎样应对创新挑战，怎样为共同管理创新型团队会议做准备。我们将为大家提供一系列实用的活动和练习。我们将其分为 13 个重要模块。这些模块专注于下面五个主要领域。

第一，提升自己作为流程牵头人的信心、技巧和工作能力。

第二，采取实用步骤营造思维衍生文化，打造信任和开放的心态。

第三，提升工作能力和创造性思维能力，发现发掘团队潜力的新方法。

第四，为 Crea8.s 模型的运用铺平道路，组织团队创造会议。为整个模型赋予一些重要元素，确保大家能够在创新过程中大展身手。

第五，让每个人都具备相关的知识、信心和积极性，让教练式方法成为驱动创新的一个可持续方法。

为开展创新团队会议做好准备

在前文中，我们讨论了如何在团队、部门或组织内部营造思维衍生文化。这往往不是短时间内就可以做到的事情。根据组织内部文化的起点和当前情况，引入新的做事方式，鼓励大家培养创新能力，积极发现不同的解决方案和想法（即使这些解决方案和想法可能无法催生创新），对一个组织来说是一种飞跃。

"创造力"这个词会让人们产生很多联想，但也经常被人们误解。在很多人的头脑里，创造流程与艺术联系最为密切，比如绘画和雕塑。但如果认为创造是那些具有杰出艺术天赋的大师和独来独往的艺术家的专利，你就大错特错了。如果我们能认识到生成新想法的能力就是创造力的话，创造力就不再那么可望而不可即。（伦纳德等，2005）根据这一定义，我们可以毫不夸张地说，每个人都有创造的潜力。

创造力强的头脑：将点连成线带来的灵感

灵感的火花看似是瞬间产生的，但事实并没有那么简单。这个时候，我们大脑的反应与深入分析问题时存在很大不同。神经学家和研究人员发现，当我们深入分析问题时，大脑几乎是直线运行，从 A 点到 B 点采用最快的直线神经路线。另外，创造活动与速度和效率没有多大关系，强行改变思维过程往往难以奏效。创造力强的思维过程往往是蜿蜒曲折的，大脑用这种方式来寻找和确定因果联系。当这些因果联系最终汇合在一起时，那个众所周知的"醍醐灌顶时刻"就到来了。（康涅斯等，2009）丹尼尔·格曼在论述这一时刻时，借鉴了上述研究。丹尼尔写道："在创造力迸发的时刻，如果你测量脑电图大脑波长的话就会发现，在得出结果之前，大脑皮层放射活动非常频繁，300 毫秒即可放射一次。"放射活动指的是众多脑细胞连接成一个新的神经网络——就像是大脑中建立新联系时会将众多的神经元紧密连接在一起一样。放射活动增加之际，新

的想法立刻就会进入大脑意识中。研究还确认了我们很多人的亲身体验——我们在淋浴时真的会经历经典的"灵光乍现"。（英国广播公司《地平线》，2013）我们觉得好像是大脑"眨眼"的一瞬间发生的事情其实是我们在并非刻意的状态下经过很长时间的酝酿之后产生的结果。怎样才能培养这种创造性的思维过程，并让它这样发展呢？首先，要在一个比较长的时间段内专注于要解决的问题，给思维提供一种目标感。然后，要收集和问题有关的信息，让神经元有事可做。接下来，做某件没有关系的事情，如散步、淋浴或其他简单的事情，目的是让自己保持忙碌状态，但思绪可以自由徜徉，将孤立的点连起来。抛开冥思苦想的问题，给深入思维留下空间，灵光乍现的时刻很有可能出现。

在团队背景下倡导创造意味着培养团队成员开放的心态，让大家愿意在信任的氛围中运用大局思维，共同提出新颖的想法。接下来，你可以召开和主持团队创造会议，让每个人都参与进来，针对团队当前或将来可能面对的任何问题提出新颖的想法、解决方案。在下文中，我们将为大家提供 Crea8.s 模型，帮助你主持这样的会议，帮助团队缩短目前与未来目标之间的差距。和团队成员做好前期的准备工作，让团队成员（和你自己）树立起共同创造的信心，你就可以最大限度地发挥上述模型的优势。

下面的这些模块为你提供了很多活动和练习。你可以根据团队构成情况，从中选择相应的活动和练习。召集团队成员，确保留出了充足的时间，为这些活动和练习发挥最好效果营造良好的氛围和环境。除了推动和指导团队外，你也要积极地提出自己的看法和建议。

用前四个模块打造作为流程领导者的信心

打造作为流程领导者高效发挥作用的信心、技巧和能力很重要，因为引导团队流程是你的责任，你要将新的做事方式引入团队中。但你肩上的这个担子不应过重，你和团队其他成员要一起经历一条学习曲线。尽管如此，作为最清楚发展流程的人，你如果能够自信而娴熟地履行好一个引导者的职责，就会让团队中的成员从中受益。前三个模块针对那些完全不了解这一流程的人，它会让你掌握有关流程引导的一些基本知识，第四个模块是一个活动，旨在建立一条大家共同认可的行为规则路线。

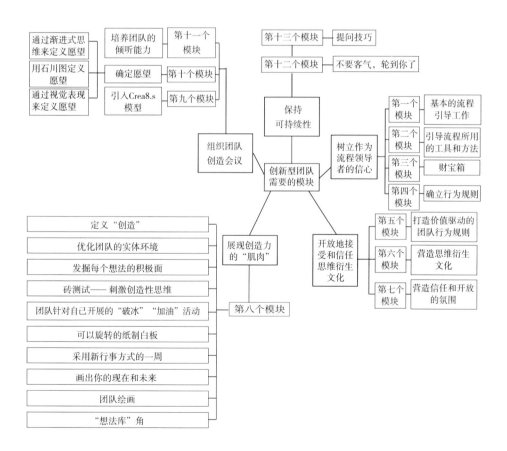

思维导图 3：创新型团队模块一览

 第一个模块：基本的流程引导工作

1. 目的

在想法构思方面，引导高效工作流程，提供十分重要的指导，帮助你和你所在的团队或集体，运用具体的流程和框架实现既定目标。

2. 说明

一般来说，流程引导者是一位中立的流程专家，对于讨论结果没有任何既得利益。该引导者的职责是帮助团队实现目标，鼓励和管理团队成员之间的互动。引导者应保持中立，不就讨论的主题发表任何个人看法。

·你在引导团队完成团队创造会议的过程中，则不应该保持中立，你的意见和建议在这时很重要。但是，为了避免过多影响团队，你可以在大家发言之后再说出自己的看法。

·流程方面所要做的事情如下。

– 迎接和启动这一流程。

– 明确说明会议的目标，简述会议的流程。

– 提醒大家团队行为规则适用于这次会议（见第四个模块）。

– 开始讨论。

– 使用正确的工具和方法来收集大家的意见和建议（见第二个模块）。

– 记录大家的意见和建议。

– 掌握时间。

– 概括关键点。

– 得出结论。

– 完成行为规划／确定接下来的步骤。

– 确认最终方案，竭力获得大家对最终方案的高度认可。

– 结束这一流程。

注意：有的任务完全可以交给普通团队成员来做，比如管理时间、保存会议记录等。

· 管理互动。

– 让大家的交流始终在信任、开放中进行。

– 提出开放性问题。

– 专心倾听。

– 鼓励所有人参与。

– 告诉大家你听到了他们的意见和建议。

– 注意言语 / 非言语信号，回应团队和流程的需求。

– 坚定而公平。

 第二个模块：引导流程所用的工具和方法

1. 目的

让大家简要了解用来鼓励团队成员参与讨论、帮助你收集大家的意见和建议的常用的工具和方法，并确定应在什么时候、怎样使用这些工具和方法。

2. 说明

· 市面上有很多很不错的书可以帮助你获得灵感，熟悉各种各样的引导方法。我们鼓励你练习和扩展方法库，发现解决各种情况的方法。

· 如果你的目标是鼓励团队成员积极发挥创造性，那么采用不同的行事方式本身就说明你已经向正确的方向迈出了一步。我们提供的方法将通过各种方式刺激你的头脑和思维，让你获得仅靠语言讨论无法获得的收获。

· 我们来探索其中的一些工具和方法，并将它们运用到团队会议中。

– 头脑风暴鼓励大家围绕某个问题各抒己见，而无须考虑现实问题和各种制约条件。头脑风暴的目的是让团队中的每个人都积极参与，尽可能多地提出新颖想法，让他们知道最后判断和评估这些想法的价值。这种方法

能发挥作用的条件是让人们各抒己见，畅所欲言；你的目标是引导团队提出各种各样的想法；让各种想法相辅相成；你要增加新想法的数量而不牺牲质量。

－可以使用便利贴和卡片将大家的想法记下来，尤其可以鼓励大家在发言之前深入梳理自己的想法。这种方法能发挥作用的条件是人们深入提炼自己的想法，在发表自己的看法之前先进行一番深入梳理，同时确保每个成员都能说出自己的意见和想法。

－在大家都说出了自己的想法，需要进行筛选和讨论时，决定和投票机制就显得尤为必要。一个常用的方法是"点点投票法"。给参加讨论的每个团队成员发一张或几张上面绘着一个圆点的彩色贴纸，让他们将手中的贴纸贴到表格中他们最看好的看法上。这种方法能发挥作用的条件是团队成员在相对较短的时间内做一个民主的决定；必须有多个想法可供选择；在这个阶段权衡所有想法的优点和缺点并不重要。

－形象化是运用替代想法构思路径，发现新的因果联系的高效方法。这类方法包括使用图片、照片、杂志和其他的直观表现方式来触发新的想法和联系，你也可以鼓励团队成员自己绘制图表来阐述想法和观点。这种方法能发挥作用的条件是你想要采取不同的行事方式，引入趣味元素；想用鲜明的视觉冲击来吸引团队成员的注意力，并鼓励那些没有学会这种处理信息方法的人使用这种方法。

－"破冰"活动和"加油"活动用来在会议开始之际缓解紧张气氛或者在持续时间较长的会议的多个节点上让团队成员保持良好的精力。这些练习可以和会议讨论的问题无关。事实上，将大家注意的焦点转换到另外的、令人轻松的活动上去，可以给大脑喘息的空间，给创造性的思维流程增加价值。这种方法能发挥作用的条件是你采用不同的行事方式，引入趣味和团队假设元素，让上述过程不那么正式，让练习简短、轻松、简单。

– 竞争性游戏被用于从全新的角度攻克问题。大家通过相互合作解决复杂问题，营造一个不同的"世界"，同时要受到规则、界限的制约，并且要有明确的目标。（格雷等，2010）这种方法能发挥作用的条件是：想要解决团队日常遇到的现实问题，让自己深入了解这一问题的另一面；想要利用隐喻和类比所蕴含的想象力；想要用一种春风化雨的方式解决复杂或棘手的问题。

 第三个模块：财宝箱

1. 目的

让你简要了解用于引导团队会议的有用的材料和"装备"。

2. 说明

具体说明如表 9-1 所示。

表 9-1　　　　　　　　流程引导的财宝箱

材　料	用　途	优点和缺点
纸制白板、空白纸、几支彩色马克笔	·全程跟踪大家的讨论、建议和意见 ·将提出的问题写下来 ·形象化、画图	优点：成本低、书写空间没有限制、可以放置在房间里的任何地方、便于保存、大家可以一起用 缺点：使用纸张有不够环保的"嫌疑"
白板、板擦、彩色马克笔	·全程跟踪大家的讨论、建议和意见 ·将提出的问题写下来 ·形象化、画图	优点：成本低，团队成员都可以使用 缺点：书写空间有限，无法保存
便利贴	·将大家的意见、建议和想法写下来 ·帮助个人深入梳理自己的想法 ·头脑风暴	优点：成本低，黏性强，使用方便，可多种颜色搭配使用，容易重新排列、组合 缺点：难以记录复杂的想法，纸张太小，不好存放，容易弄乱

续 表

材 料	用 途	优点和缺点
软木挂图板、彩色卡片、图钉、彩色马克笔	・将大家的意见、建议和想法写下来 ・帮助个人深入梳理自己的想法 ・头脑风暴	优点：成本低，使用方便，可多种颜色搭配使用，容易重新排列、组合，书写空间比便利贴大，书写的内容更为醒目 缺点：如果卡片太多，就不好整理。如果别针脱落，卡片的顺序就会被弄乱
零散的 A4 纸，数量充足的彩色圆珠笔、铅笔	・形象化、画图 ・给"破冰"活动和"加油"活动增加创造潜力	优点：增添了色彩和趣味性，有利于激发创造力 缺点：开始时可能会犹像是否使用这种方式
照相机、手机	・将纸制白板、白板、软木挂图板等上面的内容拍下来 ・将团队活动或练习的情景拍下来 ・照片可以作为会议记录和文档资料保存	优点：所有团队成员和利益相关者可以轻松分享这些永久记录 缺点：根据照片将来的用途，在必要的情况下，在使用前需要获得团队成员的许可
"财宝箱"，手提箱，存放照片、小物件和其他东西的盒子或箱子。	・形象化、运用拼贴画 ・给"破冰"活动和"加油"活动增加创造潜力 ・为竞争性游戏储备材料	优点：可以在任何时候派上用场，让自己有灵活选择的机会，可以即兴组合使用 缺点：需要比较大的存储空间，搬运不方便

资料来源：比安基和斯蒂尔。

 第四个模块：确立行为规则

1. 目的

给你提供一个活动，帮助你和团队制定团队内部在构思想法方面的行为规则。

2. 使用条件

之前你已经运用沟通变革五步法与团队就有关思维衍生文化进行了交流，或者你的团队已经拥有了思维衍生文化。

3. 合作对象

整个团队。

4. 持续时间

大约两个小时。

5. 所需材料

纸制白板、白板、便利贴、软木挂图板……

6. 怎样操作

·向大家解释会议的目的以及你想要获得的最终结果。

·告诉大家，今天在一起开会的目的是制定大约十条有关我们做事和相互交流的规则。这些规则将成为我们在思维衍生方面一起共事的基础。

·团队成员应该深入思考和回答很多问题，以这些问题的答案为基础，制定一套每个人都认同的规则。

"我们应该用什么方式与对方交流？"

"我们应该怎样互相倾听？"

"我们应该怎样表现出对对方的尊重？"

"我们怎样确保对方想要并能够参与讨论？"

·这些问题是否可以被大家清楚地看到，比如是不是写在了白板上？

·很多方法都可以帮助人们梳理思路或进行最初讨论。

－让每个人都参加，确保每个人都发表自己的看法和建议。

－在会议开始之际，给每个团队成员提供梳理自己思路的时间。

－将团队成员分成几个小组，尤其是当团队人数较多的时候。会后，小组将讨论结果汇报给整个团队。

·可以用很多方法来确定备选的行为规则。

－如果大多数人都提到某一个规则，就很容易达成一致，或者大多数人提到了某些类似的规则，那么我们就可以直接将这些规则写下来。

　　- 如果团队成员对某个规则不能很快达成一致，或者对相关问题的回答各不相同，那么团队就要根据情况具体考虑。

　　如果团队成员很难提出实质性的东西，那么可以找一些已有的规则作为例子让大家讨论，但需要明确告诉所有团队成员，一旦规则获得大家的认可，就必须坚定不移地遵守下去。

　　·在任何情况下，都要让大家明确地表示认可。

　　·请大家提出违反团队行为规则的处理方案，并就此结果达成一致。

用第五至第七个模块来开放地接受和信任思维衍生文化

　　这部分依据主要来自第六章。在第六章里，我们讨论了打造开放的心态。在第八章里，我们详细阐述了信任在营造思维衍生文化过程中的重要作用。也许，你们现在已经开始开诚布公地讨论一些团队以前从未讨论过的新概念，比如说思维衍生、支持思维衍生文化的价值观、大局思维的作用。第五至七个模块所提出的方法、活动和讨论非常重要，它们为大家就这些概念达成一致，全面认识你们一起完成的这一旅程铺平了道路。

 第五个模块：打造价值驱动的团队行为规则

1. 目的

　　提供三个密切相关的活动，帮助你和团队讨论支持思维衍生文化的价值观，就在营造思维衍生氛围、制定行为规则方面对于整个团队至关重要的内容达成一致。

2. 使用条件

团队成员不了解思维衍生文化，你想与他们一起营造这种文化。

3. 合作对象

整个团队。

4. 持续时间

一天。也可以将三个活动分为三个很短的会议。

5. 所需材料

纸制白板。

6. 怎样操作

· 向大家解释会议的目的，以及你期望获得的最终结果。

· 告诉大家，今天在一起开会的目的是为共同营造思维衍生文化奠定良好基础。你可以将这次会议分为三轮。第一轮专注于大局思维，将它看作思维衍生文化的四个核心价值观之一；第二轮专注于另外三个核心价值观；第三轮专注于支持创意生产文化的行为，目的是确定行为规则。

7. 引入

· 第一个问题就问大家："你们认为什么是思维衍生文化？"鼓励每个人都发表自己的看法，并将大家的回答写在纸制白板上。告诉大家你理解他们的想法，但不做任何评论。感谢大家回答问题，将纸制白板悬挂在墙上，让大家都能看到上面的内容。告诉大家，我们稍后再来评论这些答案。

【第 1 轮】

· 第 1 轮的目标是让团队得出这样的结论：他们应该高度重视大局思维和大局思维催生的想法。他们要想做到这一点，必须深入思考大局思维概念，了解它对团队、企业和所有经营活动的积极作用。

· 会议首先要强调大局思维是思维衍生文化四个核心价值观中的一个。

· 在挂图板上写下大局思维的定义，并和大家分享这一定义。

· 请团队成员回答下列问题：

"大局思维的迫切性来自于哪里？"

"大局思维及其催生的想法对经营活动有什么作用？"

"大局思维对于我们和我们的经营活动有何重要性？"

·征询团队所有人的看法，如果团队很大的话，将团队分为三个小组，让小组成员分别进行讨论，之后请每个小组向团队汇报讨论结果。

·上一步完成之后，总结到此为止的讨论结果。

·指着先前纸制白板上的内容，问团队成员大局思维对于思维衍生文化的重要性如何。

【第2轮】

·现在，大家已经接受了大局思维这一概念，第二轮的目的就是让大家深入思考其他三个价值观，以及它们对思维衍生文化的重要性。

·在两个纸制白板上分别写下以下两个问题中的一个。

"在工作中，什么会推动大局思维和思维衍生？"

"在工作中，什么会阻碍大局思维和思维衍生？"

·请大家回答上述两个问题，请他们畅所欲言，将他们给出的答案写在相应的纸制白板上。

·比较两个问题的答案，寻找其中相似之处。

·告诉大家，支持思维衍生文化的其他价值观是信任、透明度、多样性和包容性。必要的话，在此基础上进行扩展。

·请大家找出这几个价值观在两个纸制白板上内容中的体现。如果某个价值观没有被体现出来，那么应该给纸制白板增加什么内容以弥补这一不足。

·总结你和整个团队找出的在营造有利于思维衍生文化方面的重要因素。将这些因素列在另一个纸制白板上。将第2轮中用到的所有纸制白板挂在墙上，让大家都能清楚地看到上面的内容。

【第3轮】

·第3轮的目的是让大家思考支持思维衍生文化的价值观驱动的各种行为，提出思维衍生过程中指导团队成员行为方式的各种原则。

·让团队成员分成几个小组进行讨论。每个小组应该思考和讨论以下问题：

"想象一下，假如我们已经拥有了重视大局思维、信任、透明度、多样性和包容的氛围，这种情况下，我们在团队中能看到什么？听到什么？怎样相互交流？"

·经过一定时间的讨论（约15分钟），请每个小组回答下列问题，并将问题的答案写在纸制白板上：

- 在重视大局思维、信任、透明度、多样性和包容的氛围中，哪些行为最为典型？

·要求小组总结其讨论结果，然后用之前的纸制白板向团队汇报讨论结果。

·各个小组汇报讨论结果之后，总结整个讨论结果，寻找和关注各小组讨论结果的相同和交叉之处。

·告诉大家，讨论的目的是在之前讨论结构的基础上确定10条左右的行为规则，在这些行为规则的基础上确定怎样共同合作和一起进行思维衍生的基础，最终得出团队的行为规则。

·如果大多数人提出了基本相似的规则，那么就直接将这些规则写下来。如果团队成员对某个规则不能很快达成一致，或者对相关问题的回答各不相同，那么团队就要根据情况具体考虑。

·行为规则初步确定下来之后，看看大家是否真心认可它。

·请大家提出和同意处理违反行为规则行为的指导意见。

·开展收尾活动并给出反馈，结束今天的讨论。

 第六个模块：营造思维衍生文化

1. 目的

给你提供一个活动，让你专注于思考拥有共同信条体系的重要性，并专注于支持你和团队在营造思维衍生文化过程中塑造共同身份。

2. 使用条件

你的团队已经知道营造思维衍生文化需要什么条件，并已经确定了行为规则。

3. 合作对象

整个团队。

4. 持续时间

1~2 小时。

5. 所需材料

纸制白板。

6. 怎样操作

·向大家解释会议的目的以及你想要获得的最终结果。

·告诉大家，你的目的是探索共同信条体系如何催生一种能够帮助团队所有成员在营造思维衍生文化的过程中塑造共同身份的思维方式。

7. 引入

·确定一个讨论的话题，在轻松的氛围中开始讨论，让大家意识到，共同的信条可以驱动任何具有共同文化的集体中的行为。

·将团队分成两人一组或多人一组，并讨论下列问题：

– 思考那些独特的、具有鲜明个性特点的文化或亚文化群体。举一些熟悉的事情做例子。例子可以是环保组织、具有共同兴趣的人们组成的群体（诸如观鸟爱好者这样具有某种强烈爱好的人）。

– 请每个小组说出两到三个这样的群体，说出构成这些群体文化的基础，驱动这些群体成员行为的主要信条。

– 请每个小组简要说出他们想到的答案。

·用一句话来总结以上讨论，比如："从以上讨论可以看出，一个群体所共同信奉的信条对于塑造群体身份、思维方式、共同目标具有重要意义。"

·将焦点转到团队，问团队成员两个问题，以便一起展开一个开放的、具有建设性的讨论：

"在我们塑造身份的过程中，为了营造思维衍生文化，我们需要拥有什么样的共同信条，才能拥有实现这一目标的正确的思维方式？"

"仅有这些信条能保证我们拥有营造思维衍生文化所需要的正确思维方式吗？是否还需要其他东西？如果答案是肯定的，我们还能做什么？"

·总结讨论结果和接下来的措施、步骤，结束这一活动。

 第七个模块：营造信任和开放的氛围

1. 目的

我们针对你鼓励他人采取的一些具体步骤提供五条建议。这些建议可以帮助你和你的团队随着时间的推移营造一种信任、开放的氛围。

2. 使用条件

由你根据团队的构成、形势和具体情况来决定在什么时候开展这些活动以及如何开展这些活动。

3. 建议

·召集团队成员，请他们思考，他们愿意通过什么样的措施帮助团队，在团队中营造信任和开放的氛围。首先，你可以让每个团队成员和自己回答这样的问题："我怎样才能帮助团队营造一种信任、开放的氛围？"

·为团队做一个角色模型，积极为大家提供开放的、具有建设性的反馈。只要有机会，就练习和使用"创新教练式辅导模型六步法"。

·在会议上向团队介绍"创新教练式辅导模型六步法"。让团队熟悉怎样运用这一模型，并鼓励大家练习和使用这一模型。这对营造信任、开放的氛围具有积极作用。

·在会议上开诚布公地讨论营造信任、开放的团队氛围的障碍，以及怎样

才能克服这些障碍。怎样开展平等、有建设性的讨论活动，参见"行为规则"。

·每个团队成员请其他所有成员就他的行为提出反馈，这样每个人都能知道他的某个行为不利于营造思维衍生文化。请每个团队成员思考如何改变这一不利于营造思维衍生文化的行为，请他们发现可能帮助他们实现这一改变的资源。你自己也要参与这个过程，同时运用CMO模型为其他人提供支持。

用第八个模块展示创造力的"肌肉"

第八个模块是经过延伸的、含有多个活动和练习的模块，可以帮助你释放个体和整个团队的创造潜力。这些活动建立在每个人都具有创造潜力的原则上。即使是那些反对声音最高的人、说自己没有一点创造力的人，身上很可能也潜藏着某种创造力。实际上，每一次你通过练习提出新颖想法或采取新的行事方式的时候，你的大脑都会变得更加擅长这种事情。你会发现，创造力会催生创造力。这些活动能够对大脑起到"训练"作用。就像你锻炼身体上的肌肉一样，这些活动能够锻炼你的大脑，让大脑在获得创造力方面拥有更好的"体魄"。

通过头脑训练培养创造力强的头脑

在荷兰奈梅亨的拉德堡德大学供职的心理学家西蒙·里特博士发表了有关她哲学项目的研究论文。这篇有关创造力的论文标题是"创造力"。该研究旨在扩展人们对于认知过程和认知结构的理解，而认知过程和认知结构对于创造性思维意义重大。她探索了改进创造性思维的各种途径。2013年3月，她为BBC（英国广播公司）撰稿的同时，英国广播公司《地平线》纪录片介绍了她的研究，该纪录片的标题是《创造力强的大脑：洞察的

力量》(*The Creative Brain: How Insight Works*)(BBC《地平线》，2013)——里特博士鼓励我们去寻找从未经历过的别样体验，改变我们的行事方式；如果要从不同角度思考和解决问题，就要改变先前固定的做事方式。她说："改变先前固定的做事方式会让大脑发生变化。先前常用的'神经通道'被放弃，脑细胞之间新的联系被建立起来。接下来，这一改变可能催生创造性的新想法。(BBC，2013)"她的建议是什么？用不同的方法做事情——即使是不起眼的小事。减少让你分心的事情，做简单的、没有任何挑战性的事情，给灵光乍现留下空间。不要害怕试验和冒险。让你的思绪自由徜徉，让它催生新颖而独特的因果联系。

 第八个模块：强化团队的创造潜力

1. 目的

为你提供释放团队潜力、开展各种活动的创造性方法，帮助你轻松树立改变行事方式的信心。

2. 使用条件

由你根据团队的构成、形势和具体情况来决定在什么时候开展这些活动以及如何开展这些活动。

3. 活动建议

（1）定义"创造"。

·召集大家一起吃一次非正式的工作早餐，在吃饭过程中讨论什么是创造。每个人事先准备三个例子，向大家说明"创造"在不同的背景下意味着什么。为了引导这一非正式讨论，你可以参考本书其他章节有关创造的内容。

（2）优化团队的实体环境。

随时为非正式交流提供良好条件的实体环境对于促进思维衍生的创造过程有着积极的推动作用。你的工作环境能够满足这一要求吗？召集团队成员开展一次"头脑风暴"。告诉大家，你想与他们一起探讨如何以最小的成本来优化团队的实体环境。提前一星期让团队成员从批判的角度来评估、观察和思考个人工作环境和集体工作环境。请他们考虑实体环境中的哪些方面有利于大家自由交流想法，哪些方面则相反。在这次头脑风暴会议上，大家应积极发表自己的看法与建议。大家在确定采取某个方案时，要考虑预算方面的制约因素。

（3）发掘每个想法的积极面。

召集所有团队成员开一个短会。让每个人提出一个与工作有关的问题，大小问题皆可，同时提出一个解决这个问题的想法或建议。这一练习的目的不一定是确定和实施一个解决方案（当然你也可以这样做），而是让大家专注于与这一想法有关的积极因素。每说出一个想法之后，请大家最大限度地找出有关这个想法的积极方面——你可以将这些积极方面列在纸制白板上，让每个人都可以清楚地看到它们。寻找每个想法或建议的积极方面，意味着你和你的团队可以看出每个意见或建议明显和不明显的优点。在寻找解决方案过程中，你们就不会下意识地排斥任何想法。一有机会就可以与所有团队成员实践这种方法，让团队成员认识到，一定要看到每个想法或建议的积极方面。团队成员一旦认识到他们的想法会被采纳，就会更加积极地说出自己的看法和建议。

（4）砖测试——刺激创造性思维。

在吉尔福德著的《一物多用》（*Alternative Uses Task*）一书中，研究人员请人们最大限度地说出某个常见的东西，比如砖头或曲别针的用处。这种练习的目的不仅仅是想知道现代人多么有创造力，同时，还能够鼓励发散思维，使其在头脑中建立新的思维通路。你可以在某个团队会议上将这一活动用作"破冰"活动或"加油"活动，鼓励团队成员开动脑筋，充分发挥创造力。无须对提出的想法论断或评估，目标是数量高于质量，同时会议必须在轻松活泼的氛围中进行。

（5）团队针对自己开展的"破冰""加油"活动。

完成了之前的活动之后，让团队成员思考能够取得类似效果，激发团队创造潜力的"破冰"活动和"加油"活动。这些练习将用于以后的团队会议。每个团队成员轮流在会议上引导大家实施他提出的活动。团队应该制订自己的时间表，负责组织这些活动。这就可以确保我们可以通过大量简短、有趣、新颖的活动，来消除采用具有高度创造潜能的工作方法过程中的障碍，并且，通过请团队成员分担任务和责任可以收获另一项好处，那就是在团队中营造相互信任的氛围。

（6）可以旋转的纸制白板。

当团队遇到问题或挑战需要解决的时候可以将问题或挑战拆分为至少3到5个组成部分或子问题。这是一个很有名的引导方法，它可以调动起团队成员的积极性，让他们提出尽可能多的想法或解决方案。将每个组成部分或子问题写在一块单独的纸制白板的最上面。然后将写上字的纸张从上面取下来，悬挂在会议室的各个位置，营造"车站"的感觉。如果有多个组成部分或多个子问题，就要将团队分为多个小组。将每个小组指定到一个"车站"。每个小组都要回答一个问题，并且将他们的答案写在"车站"的纸制白板上。3~5分钟之后，让几个小组沿顺时针方向转换位置，这样每个小组就到了一个新的"车站"，面对着一个新的问题。接下来，每个小组将自己的想法和答案写在前面一个小组的答案下面。重复这个过程，直到每个小组回到了他们最初的"车站"。然后看还有什么需要补充的。用这种方式解决问题的好处是团队成员可以依次借鉴其他人的看法，使回答越来越全面。

（7）采用新行事方式的一周。

提醒团队换一种方式来做那些司空见惯的日常任务，可以很好地锻炼我们的头脑，因为这能帮助我们建立新的神经学联系和通路。请每个团队成员至少找出三个简单的日常任务，在接下来的一个星期里用一种或多种新的方式来做这件事。你也要参加这种有趣的挑战。这些任务可以随意选择，既可以是走另一条路线去上班，也可以是换一种方法做咖啡，换一种方式存放文件……大家可以在接下来的一个星期里尝试用新的方式做事情。一周之后，召开一个简单的非正式团队会议，大家一起分享这一星期的经历。让团队总结改变旧习惯、改变行事方式的好处，并提出这些问题："这个星期我学到了什么？""有鉴于此，今后我要在哪些事情上换一种做事方式？"经常用一周时间来尝试新的做事方式可以让改变成为一种习惯。

（8）画出你的现在和未来。

这一活动能够让团队成员大胆尝试，形象地理解问题。它能够让人们用独特的方式表达自己的想法，充分利用除了口头语言和书面文字之外的表达方式。用这种方式，人们往往能发现新的、有趣的、启发人思维的联系。当你想要尝试挑战未来，就可以使用这种方法。

·假设你想了解团队成员现在对工作的认知以及将来对工作的认知，就要有足够的纸制白板和马克笔，用以介绍面临的问题或挑战。

·给每个人发一张纸，请每个团队成员用绘图的方式表现出自己目前对工作的认知情况。提醒他们，这个活动并不考察大家的绘画水平，也不考评他们的绘画作品，只是为接下来的探索和讨论提供基础。

·等每个人都画好之后，将大家画好的东西悬挂在四周。请他们在另一张白纸上绘出他们希望未来的工作变成什么样。将画好的纸固定之后，这些图就可以为团队讨论和交流提供基础。

（9）团队绘画。

这个活动的目的是充分发挥团队整体的创造潜力，深化彼此之间的信任关系和合作能力。任务是围绕既定主题画一张油画——你甚至可以将这张画挂在办公区。画这张油画需要一张大画布、一些不太昂贵的油画颜料和画笔（丙烯颜料也可以），对地板、衣服等做好必要的防护工作。动笔之前向团队成员明确以下几项任务：

·说明这个练习的主题。

·做这个练习过程中，不能相互交流、提示。

·大家可以选用任何风格或颜料，但是每人每次只能给画布上添一笔或一个视觉元素。

·第一个人可以随便落笔，从第二个人开始，就要在已有的基础上下笔。

·要持续到团队认为这幅油画已经完成为止。

·向大家强调，最终不一定要完成一幅像样的油画——它可能抽象难懂或者不伦不类。

·在第一轮里，将团队成员随机排序，在以后的各轮活动里，也保持这个顺序。

（10）"想法库"角。

我们在的第七章讨论了建立一个想法库的好处。你可以仅在需要具体想法的时候再去寻找它，而且非正式方式也可以帮助你获得想法。但是，想法的成长需要空间，也需要找到让它浮出水面的办法。可以针对某次日常团队会议，建立"'想法库'角"机制。你只需要抽出10~15分钟，但是你必须坚持下去，让这种做法成为一种习惯性行为。在这段时间里，大家可以针对任何事情自由地拓展思维空间，对任何建议都欢迎。或者，如果一个团队成员想要了解大家对于某个具体问题的想法和建议，他就可以预定"想法库"角，用他们认为合适的任何方式使用。先有想法库，再有问题，使用"你根本无法知道将来哪个想法有用"这种标题。大家提出的想法，如果没有其他更合适的地方存放，就放在这个标题下面。

用第九至第十一个模块组织团队创造会议

深入了解了前面几个模块之后，你就会发现组织一个有创造力的团队会议并没有那么难。在创造力和其他障碍方面，你和其他团队成员心中的疑问和自我限制就会逐渐消失并得到解决。到了需要准备使用 Crea8.s 模型时，你就会信心满满。第九个模块和第十个模块中的活动向团队引入了这个模型，因此团队对它并不陌生。第十一个模块提出了一个方法帮助团队成员提升倾听的技巧。对于高效互动来说，这当然也是一个重要因素——一个有利于在任何形势下构思想法、提升团队效力的团队变革动力。

 第九个模块：引入 Crea8.s 模型

1. 目的

这个活动向团队介绍和解释 Crea8.s。通过积极分享这个过程，使其透明化，每个人都可以深入理解接下来要做的事情。另外，你和团队成员可以在第一次使用这一模型期间共同参与这一学习过程。

2. 使用条件

在你运用 Crea8.s 模型组织第一次团队创造会议之前开展这一活动。

3. 合作对象

整个团队。

4. 持续时间

30 分钟。

5. 所需材料

设计或下载 PPT（幻灯片）文件或者准备一些介绍这一模型的纸制白板以及与该模型不同部分有关的问题。

6. 怎样操作

·向大家解释会议的目的以及你想要获得的最终结果。

·告诉团队成员，这次会议的目的是向大家简单介绍 Crea8.s 模型。你可以使用这样的开场白："我想向大家介绍 Crea8.s。这个模型由 8 个不同的连续步骤组成。它会给我们提供一个组织高效团队创造会议的框架。不管是在寻找应对当前挑战的解决方案方面，还是在思考未来方案方面，Crea8.s 都是'现在的我们'与'理想的我们'之间的桥梁。"

·解释为什么要提前与大家分享这个过程（例如，如果能提前熟悉这个过程，我们就可以很好地使用它；这个模型对我来说也是全新的，大家可以在一起学习新的做事方式）。

·解释这个模型的各个组成部分、这个模型的使用方法以及你想首先用它来解决什么问题。

·如果你计划使用这个模型的愿望模式，那么要运用第十个模块来定义愿望。

 第十个模块：确定愿望

1.目的

提供四个活动，帮助你和你的团队定义愿望和愿景：你想要做什么，你想成就什么样的未来。这种心愿清单可以给大家提供目标感和方向感。

2.使用条件

运用 Crea8.s 的愿望模式来准备团队创造会议的组织工作。团队成员在会议开始前必须非常清楚地知道自己关于整体未来，或者整体未来某些方面的愿景。如果你关注的焦点是整体，即使没有 Crea8.s 模型，这些活动也很有用。

3.怎样操作

·如果你不确定团队对当前现实情况是否了解，不清楚哪些事情可以换一种方法去做，或者是否有必要换一种方法去做事，可以先评估当前背景和情况。你可以运用 SWOT 分析（由艾伯特·汉弗莱发明于 20 世纪 60 年代）、力场分析（由库尔特·卢因发明于 20 世纪 50 年代）或其他方法来做这件事，只要它能让你实现这一目的，帮助你清楚地了解目前的情况就可以。你也可以专门开会来做这件事。

·如果你要开会评估当前的背景和情况，那么，你要向大家解释这次会议的目的和你想要的最终结果。

·告诉你的团队，这次会议的目的是共同确定愿景：你想要做什么，你想成就什么样的未来。这可以给大家提供一种基于心愿清单的目标感和方向感。

（1）通过渐进式思维来定义愿望。

·给你们的愿望确定一个主题。这需要大家对当前现实进行讨论，并达成一致的意见。

·针对上述主题，让每个人想象他们想要什么样的未来，列出自己的心愿清单。

· 给每个人提供一些卡片和马克笔。

· 每个人都在卡片上写下有关这一主题的一条心愿，句子要简短。

· 将所有卡片写有内容的一面朝下，放置在大桌子上。

· 一个团队成员将自己能想到的心愿都写完之后，他可以从大桌子上随机拿起别人写好的心愿卡片。

· 他可以在别人心愿的基础上做补充，让两个人的想法相融合。

· 就这样，让大家在大约 10~15 分钟内，翻起和补充尽可能多的卡片。

· 将所有卡片翻过来，大声读出上面的内容。中间要留给大家提出问题、澄清相关想法的机会。

· 作为引导者，你要与其他成员一起发现这些心愿中的共同主题和相似之处，对卡片进行归类。

· 与大家一起确定哪些卡片可以放在一起，哪些卡片需要单独放置。

· 在纸制白板上写下最终版本的心愿清单，并一起对这些心愿进行排序。

· 共同确定最终版本心愿清单的标题 —— 这很可能就是你们作为一个团队的集体愿望。

· 需要注意的是，将没有进入最终心愿清单的想法也保存下来备用。

（2）用石川图定义愿望。

石川图（由石川馨发明）一般用于解决问题和进行决策。但是我们发现，稍作调整，它也可以很好地用来帮助我们定义愿望。

· 给你们想要定义的愿望确定一个主题。这需要大家对当前现实进行讨论并达成一致。

· 画出石川图。随着会议的进行，在图上增加内容。

· 石川图将上述主题分为六类：人员、方法、机器、材料、测量、环境。如果可以的话，就使用这种分类方法来保持和其他团队成员的一致性。

· 和团队一起，将这六个类别中的每一类拆分为你能想到的相关元素。

·让每个人想象一下他们在这个主题方面希望未来有什么样的变化，提出心愿清单。

·给每个人提供便利贴，请他们写下与石川图中各元素相关的心愿，每张便利贴上只写一个心愿。每个人的心愿清单不必很全面，无须覆盖石川图上的所有元素。

·大家将手中的便利贴贴在石川图中的相应位置。

·作为引导人，你要带领团队成员发现共同的主题和相似的地方。

·与团队成员讨论哪些主题可以合并在一起，哪些主题应该单独列出。

·着手在纸制白板上写出最终版本的心愿清单，和团队成员讨论相关心愿的排序问题。

·一起确定最终版本心愿清单的标题——这很可能就是你们作为一个团队的集体愿望。

·需要注意的是，将没有进入最终心愿清单的想法也保存下来备用。

（3）通过视觉表现来定义愿望。

·给你们想要定义的愿望确定一个主题。这需要大家对当前现状进行讨论并达成一致看法。

·你可以调整第八个模块里描述的"画出你的现在和未来"，让大家形象地勾勒出理想未来。

·大家都完成绘画之后，将画好的图展示在房间四周。请每个人解释自己的画，让大家清楚地知道他想表达有关未来的哪个方面。

·大家轮流在纸制白板上写下自己的心愿，每个人的心愿不得与其他人雷同。

·通过简单的记录系统追踪多少人表达了相似的心愿。可以在大家解释了自己的心愿之后根据追踪结果中提出相似心愿的人数对这些心愿进行排序。

·在每个人都获得了发言机会，他们的心愿被写到纸制白板上之后，心愿清单很可能就此完成。

· 一起确定最终版本心愿清单的标题 —— 这很可能就是你们作为一个团队的集体愿望。

· 需要注意的是，将没有进入最终心愿清单的想法也保存下来备用。

 第十一个模块：培养团队的倾听能力

1. 目的

鼓励团队每个成员运用第 5 章 "专注倾听 7 日方案" 来培养和提升自己的倾听能力。

2. 使用条件

你想让所有团队成员都认可专注倾听所要具备的条件。

3. 合作对象

花一周时间与每个团队成员进行一对一交流。

4. 持续时间

运用两个持续时间为 30 分钟的会议来详细介绍该模块和向团队询问反馈。

5. 所需材料

专注倾听 7 日方案。

6. 怎样操作

· 向大家解释会议的目的以及你想要获得的最终结果。

· 告诉团队，这次会议的目的是向大家介绍 "专注倾听 7 日方案"。这一方案将帮助他们培养和提升倾听能力。他们可以在之后的交流中运用专注倾听技巧。

· 与整个团队简短讨论专注倾听的作用。

· 解释 "专注倾听 7 日方案" 的原理，并回答大家提出的问题。告诉他们，大家将会单独实施这一方案，但是在学习过程中也会产生一起合作、相互支

持的机会。

·本周结束之后，召集团队召开情况问询会，就下列问题征询大家的看法：

"专注倾听 7 日方案给你什么启示？"

"你在哪方面做得比较好？"

"哪些方面让你感到棘手，促使你思考？"

"这种学习对于整个团队的未来有什么好处？"

用第十二、第十三个模块保持可持续性

这一部分和可持续性有关。既然你的使命是驱动创新，那么团队创造会议应该是你和你的团队着手去做的事情。第十二个模块要求每个团队成员轮流运用 Crea8.s 模型来主持团队创造会议。这样，每个人都能扮演弘扬新文化的角色。第十三个模块提供了一个开发整个团队提问技巧的方法。每个团队成员都拥有提出问题、用开放的心态回答问题的能力是在思维衍生文化中培养可持续教练法的一个重要渠道。

 第十二个模块：不要客气，轮到你了

1.目的

让团队参与到流程引导和 Crea8.s 模型的运用中来。通过这种方式，每个团队成员都可以提升他们在主持团队创造会议方面的能力和信心。

2.使用条件

至少运用 Crea8.s 模型主持了两次团队创造会议。理想的情况是你的团队实施了第八个模块中介绍的大多数活动，尤其是"破冰"活动和"加油"活动。

3.合作对象

整个团队。

4. 持续时间

30 分钟。

5. 所需材料

暂无。

6. 怎样操作

·解释这次会议的目的和你想要的最终结果。

·告诉团队成员，这次会议的目标是讨论怎样让所有人参与到组织团队创造会议中来，并就具体措施达成一致。

·向大家解释这一点：如果每个团队都能够也愿意运用 Crea8.s 模型来主持团队创造会议，对于整个团队有以下几个好处。

– 通过改变行事方式让团队更富创造力。

– 大家都对共同使用的流程和共同取得的结果承担责任。

– 通过提升能力和对彼此的信任程度可以催生一个相互支持的学习过程。

– 提升了彼此的信任程度和团队解决问题的能力。

– 从长期来看，可以让团队内部的相互合作更具有可持续性。

·一起探讨怎样通过轮流引导团队运用 Crea8.s 模型来提升个人的能力和信心。

·用建议引发讨论。例如，让两个团队成员一起扮演该模型中的引导人角色。两人可以共同引导所有步骤，也可以分工，各自负责不同的任务。

·让团队成员提出建议，因为在该模型的流程引导方面，没有统一正确的方法。

·回答大家的问题，鼓励大家——重点不在于如何完美地运用这一模型，而在于了解这一学习过程和相关的好处。

·探讨如何确定每个团队成员什么时间以及怎样轮流引导该流程的应用。

 第十三个模块：提问技巧

1. 目的

提供一个持续时间为 4 周的方案，每周聚焦一个与问题各方面相关的焦点领域。目标是提升团队在提出方法、想法和解决方案过程中的能力。每个团队成员提出问题，用开放的心态回答问题的能力是营造可持续的、长期的思维衍生文化的一个重要渠道。

2. 使用条件

团队已经完成了前文提到的模块中介绍的大多数活动，尤其是必须确定了"专注倾听 7 日方案"和"行为规则"。

需要注意的是，这个方案的某些地方吸取了 CMO 模型的一些元素，但没有引入"教练"这一概念和提法。如果你感觉团队成员有了这方面的心理准备，那么你就可以与他们探讨这一概念。如果你感到向他们介绍这一概念为时尚早，不妨提升他们提出问题的信心和能力，帮助他们进步。不管是对于团队内部成员还是团队外部成员，都是如此。

3. 合作对象

整个团队。

4. 持续时间

每次 30 分钟至 1 小时，每月 4 次，一个月内完成。

5. 所需材料

本书第四章的内容。

6. 怎样操作

【第一周】引入问题（30 分钟）

·准备工作：在开会之前，请大家提前阅读第四章前三个小节："详细阐述问题""问题即答案""大问题引发大局思维"。

·提出问题："关于提出问题，你有什么想法和见解？"

·本周焦点：请团队成员思考从"讲"转换到"听"的影响。"在你们看来，如果我们设法实现了从'讲'到'问'的过渡，会对我们有什么影响？我们应该什么时候做这件事？"

·本周任务：向团队成员介绍相关情况。告诉他们："这一周，请特别注意你们提出的问题、别人问你们的问题以及这些问题对你们的影响。你本可以提出问题而不是提供建议的。"

【第二周】具有明确目标和目的的问题（30分钟）

·提出问题："你有什么见解，能从上星期的任务中得出什么结论，现在对于用'问'取代'讲'有什么感觉？"

·本周焦点：与团队成员合作，让他们意识到，提出问题的表述方式会影响对方的回答。让他们就下列问题从现实角度进行互动讨论。

妥善地表述问题能够帮助其他人将对方注意力的中心转移到其他方面。你可能希望他们注意以下几个方面。

– 信息的收集：与问题相关的事实和证据。

– 原因：问题的起因和引发这一问题的事件。

– 解决问题：用于发现解决方案的方案。

– 制订目标：其他人想要、需要实现的目标。

"对于每个问题，你是怎样对问题进行表述的？"

·本周任务：向团队成员介绍相关情况。告诉他们："我要你们提出目标和目的明确的问题。你们可以和团队内部的人练习，也可以和团队外部的人练习。注意哪些提问效果好，哪些提问可以换一种方式。"

【第三周】练习通过问问题为对方提供支持（1小时）

·提出问题："你有什么见解，能从上星期的任务中得出什么结论？"

·本周焦点：在实际练习中，团队成员两人一组。做这个练习的时候，两

人一组轮流进行，一方向另一方提问题的时间为 10 分钟。每个人都要从交流中发现两人之间一个真实存在的问题或挑战。问题或挑战的大小没有关系。首先，第一个人要说出他面临的问题，对方针对第一个人面临的问题提问题（信息收集、寻找原因和解决办法、制订目标）。目标是制订或检查目标，思考寻找解决方案的办法。然后两个人转换角色。这个流程结束之后，相互为对方提供反馈，告诉对方哪些问题问得好，哪些问题可以换一种方式来问。在反馈时，不妨同时告诉对方对他的一些非言语交流方式的看法。

·小组练习结束之后，重新召集整个团队，通过下列问题来询问完成上述练习的感受：

"哪些问题问得好？"

"作为提问的人，这个问题还可以怎么问？"

"作为回答的人，如果提问的人引导你积极思考寻找解决问题的办法，对你会有什么帮助？"

·本周任务：向团队成员介绍相关情况。告诉他们："我要你们至少再找到一个通过提问题帮助对方解决问题或克服挑战的机会。对方可以是团队中的成员，也可以是团队外面的人。注意这些问题产生的作用和谈话的方向。"

【第四周】团队中的思维衍生：用问题来支持对方（1 小时）

·提出问题："你有什么见解，能从上星期的任务中得出什么结论？"

·本周焦点：请一位志愿者与团队分享他遇到的问题或挑战，并回答团队成员就他的讲述提出的问题。做这件事的时候，大家可以围成一圈，以便进行面对面交流。通过这些问题，团队可以帮助这位志愿者制订（或检查）目标，提出解决问题的办法。这个过程可以灵活处理，但是一个团队成员一次只能问一个问题。请一个团队成员站在圈子外面，专门观察这个过程，事后向每个人提供反馈，如"哪些问题问得好，哪些问题可以换一种方式来问"。

·这一工作结束后，请圈子外面的观察者提供反馈。接下来，问团队成员下列问题：

"从你的视角来看，哪些问题问得好，哪些问题可以换一种方式问？"

"作为一个团队，我们怎样想办法帮助志愿者制订或检查目标，提出寻找解决问题的办法？"

"作为回答问题的人，你可以给团队提出什么样的反馈？"

如果还有时间的话，可以找第二位志愿者重复这一练习。

7. 结论

结束为期一个月的"开发团队提问技巧"活动。请团队成员总结收获，并将这些收获融入日常工作和交流中。反问大家，怎样才能继续提高团队成员的提问技巧。如果有必要的话，可以制订一个行动方案。

总 结

1. 我们每个人都有创造潜力。你可以像锻炼身体上的肌肉一样锻炼你的大脑，让大脑在获得创造力方面拥有更好的"体魄"，让新颖想法的产生不再那么艰难，让它变得更加容易。

2. 创新型团队模块是一系列旨在营造开发心态、信任、信心，提升整个团队高效合作能力的活动和练习的组合。这些活动和练习为团队创造会议铺平了道路。

3. 前四个模块是从流程引导人的角度设计的，其目的是提升流程领导人的信心、技巧和能力。

4. 第五至第七个模块提供了营造创意生产文化、打造信任和开放心态所需的鼓励技巧。

5. 第八个模块讲述创造力、提升团队将创造性运用于思维与工作的能力所需的练习——在这些练习的帮助下，每个团队成员都会发现开发其潜力

的新途径。

6. 第九至第十一个模块为整个模型赋予了一些重要元素，确保大家能够在创新过程中大展身手。

7. 最后，第十二和第十三个模块为所有团队成员采用教练方法，集中运用提问技巧，提升 Crea8.s 模型可持续性提供相应的知识、信心和动力。

驱动创新意味着大胆试验，敢于适当冒险。通过和团队成员一起实施这些模块，大家一起试验和探讨，你就会发现，换一种方法做事情也是学习过程的一部分，它能够提升每个人的创新能力。放松心情，大胆地尝试吧！

第十章 \ 创新团队的创新会议

本章要点

本章将向大家介绍 Crea8.s 模型。在需要驱动创新的时候，它可以为你提供一个组织团队创造会议的框架。Crea8.s 是"现在的我们"与"理想的我们"之间的桥梁。我们将与你一起探讨以下问题：

· 为什么值得花时间召开团队创造会议？什么情况下需要召开团队创造会议？

· 怎样在解决你和团队面临的迫切问题时使用 Crea8.s 的快修模式？

· 怎样调整 Crea8.s 模型的焦点，使用该模型的愿望模式，扩展你的行动余地，提升可持续性？

团队创造会议是一座桥梁

使用了前文中提供的模块之后，你就为团队参加这一很有创造性的流程铺平了道路。这是一块有利于酝酿新颖想法的沃土。

有时候，花时间召开和组织团队创造会议在经营管理上是极有意义的。不管从短期还是从长期来看，其好处都要远远超过坏处。有人认为投入这方面的时间太过"奢侈"，在当今高度竞争环境中是不值得的。这种想法是不对

191

的。正是因为我们身处一个挑战巨大的时代，能够以更强的创造力提出多个解决方案、能够运用大局思维的企业才能够蓬勃发展。我们可以看到，组织召开团队创造会议至少会有益于两种情况。

第一，在情况紧急、需要快速解决出现的问题时，团队创造会议就可以派上用场。这种情况往往很急迫，不容耽搁。在这种情况下，召集团队创造会议意味着与"采用第一方案"这一日常做法背道而驰。采用最容易或最明显的方案，或后退一步采用先前习惯使用的解决方案，看起来是一个省时省力的办法，但这样做的话，你可能会欺骗自己。团队创造会议产生的多种方案和选择、会议过程中的深度分析，可以确保需求和解决方案之间实现真正匹配，进而减少风险。

第二，当需要我们高瞻远瞩时，团队创造会议是一个很好的办法。有创新愿望并能积极为未来做规划，你就可以逐渐掌握和利用各种机会以及能克服未来问题和挑战的资源。它可以让你更好地应对不时之需，提升业务的可持续性，避免陷入不断修修补补的恶性循环中。

在上述两种情况下，Crea8.s 模型都能指导组织团队创造会议，借助这一桥梁弥合"现在的你"与"理想的你"之间的差距。

Crea8.s ——团队创造会议模型

Crea8.s 模型可以灵活地用于上述两种情况，帮助你快速解决问题（快修模式），帮助你、其他团队成员和整个机构实现愿望（愿望模式）。

在上述两种情况下，你都要营造相应的环境为高效的团队会议创造条件。规划高效的团队创造会议检查清单（见表 10-1）可以提示你解决好一些看上去不甚重要，但是可能对团队创造会议顺利进行产生重大影响的小事情。这个检查清单还提醒你准备一些有用的基础材料，用于支持和追踪创造性思维。

表 10-1　　　　　检查清单：规划高效的团队创造会议

需要检查 / 组织的事项	备 注	是否具备
提前向团队成员发出邀请，并告知会议日程和目的	告知所有参与者需要做的具体会前准备	
预定一个宽敞的会议室，最好有自然光	如果预算允许的话，考虑在工作地点之外的地方开会	
如果在办公室开会，应将可能的干扰降到最低	告诉所有参会者会议过程中不得接打电话	
针对所有团队成员准备充足的桌椅	考虑采用相对于平时较为灵活的非正式的房间摆设	
提供可能有助于产生新想法的材料	便利贴、书写材料、纸制白板、马克笔、卡片	
准备照相机拍下记录着想法的材料	请人代为完成这一任务	
用会议记录、照片和大家商定的行动步骤进行深入检查	将这些材料分发给所有参会者	

资料来源：比安基和斯蒂尔。

我们将先介绍 Crea8.s 模型的快修模式，然后再讨论怎样将它调整为愿望模式。该模型分为 8 个独立而连续的步骤。我们称这 8 个步骤为"桥石"——为了与"桥梁"这一比喻相一致（见图 10-1）。

- 第 1 块桥石：同意运作规则。

- 第 2 块桥石：定义问题或愿望。

- 第 3 块桥石：确定你要实现的目标。

- 第 4 块桥石：通过发散思维产生想法。

- 第 5 块桥石：过滤器。

- 第 6 块桥石：可行性评估。

- 第 7 块桥石：行动规划。

- 第 8 块桥石：结束这一过程和反馈。

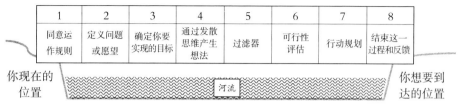

1	2	3	4	5	6	7	8
同意运作规则	定义问题或愿望	确定你要实现的目标	通过发散思维产生想法	过滤器	可行性评估	行动规划	结束这一过程和反馈

你现在的位置   河流   你想要到达的位置

图 10-1 用来组织团队创造会议的 Crea8.s 模型

资料来源：比安基和斯蒂尔。

快修模式

首先，作为进入团队创造会议教练角色的人，拥有一系列清晰、合理的步骤会让人感到很踏实，因为它可以给你提供一个在不熟悉的环境中运用 Crea8.s 模型的结构框架。对于每块桥石，我们都会为你简要介绍一些最为重要的内容，供你认真考虑。其次，我们会给你提供一些与每个焦点领域相关的教练型问题。这些问题都来自于之前的合作经历。开始的时候，你可能离不开我们提供的这些教练型问题，不过，随着你信心的增加，你就会在此基础上开发出属于自己的问题。

在你着手"过桥"之际，你和你的团队需要一致认可运作规则。让大家全心认可相互交流的规则可以让你将注意力全部集中到这个过程的内容上，因为方法的问题已经确定。（第 1 块桥石：同意运作规则）

就运作规则达成一致之后，焦点就聚集在要解决的问题之上。从逻辑上说，在大家明白真正要解决的问题之前，我们无法提出自己的想法或解决方案。即使你认为每个人都清楚问题在哪里，大家一起定义这个问题也会让人们对眼前的问题达成共识。（第 2 块桥石：定义问题或愿望）如果到了后面才发现开始时对问题认识有误，你就必须重复这些步骤，浪费了时间。

如果你不清楚自己要实现什么目标，团队创造会议就不会成功。（第 3 块桥石：确定你要实现的目标）毕竟，如果不知道要去哪里，你如何知道是否走到了终点？一起确定重要的利益相关人以及他们的利益、期望，可以找出衡量所有想法的标准。如果资源充足的话，我们还可以设想一下你想要的理想结果是什么样的。这并不意味着你可以进入一个童话世界，只要轻挥魔杖，什么愿望都可以实现。但是，这是一个重要的思维练习，可以帮助团队挑战自己能力的极限。换句话说，它鼓励大局思维。

创造性时刻来到了。请所有人说出他们的想法，鼓励他们深入思考，引出他们的其他想法，直到创意之泉彻底干涸。（第 4 块桥石：通过发散思维产生想法）记住，你是这个过程中的一部分，你想法的合理性和其他人的是一样的。为了避免过多地影响其他人，你可以等到其他人都说出自己的想法之后再发言，尤其是当你在这个团队中职位最高的时候。

将大家提出的所有想法进行压缩，这意味着你必须鼓励大家从各个角度对每个想法进行深入分析，给大家留出详细阐述自己想法、提出问题的时间。这一过滤过程（第 5 块桥石：过滤器）需要评估每个想法可能产生的影响和结果，并根据第 3 块桥石中定义的衡量标准进行比较。用这种办法，团队可以进行可行性评估，选出最佳想法。

在可行性检验方面（第 6 块桥石：可行性评估），对每个入围的想法都要对照现实情况进行分析，确定实施该想法对很多因素，比如利益相关人、资源、过程、材料、时间框架等最可能产生的影响。检验后选择可行性最强，能满足最多衡量标准，最接近既定目标的想法。你还要根据你在第 3 块桥石中提出的理想结果检验你选择的想法，确保现实情况没有过多限制你的思维。

将想法选定之后，团队必须明确怎样实施这一想法。（第 7 块桥石：行动规划）在实施这一想法、商定交流方式和衡量成功这条路上，肯定会出现多个"里程碑"。

最后，团队取得成就后，一定要进行庆祝并就团队创造会议的流程征集大家的反馈，作为下一次运用时的参考。（第 8 块桥石：结束这一过程和

反馈）

第1块桥石：同意运作规则

·简要重申团队创造会议的目的，确保每个人都理解请他们参加会议的原因。

·分享行为规则，询问所有参会者是否认可这些行为规则。

·确定团队会议的时间安排和会议流程。如果你已经完成了"第九个模块：引入 Crea8.s 模型"，团队成员就会熟悉这个模型及其步骤。

·一起确定如何保存会议记录以及谁来保存会议记录和后续文件。需要注意的是，我们还需要记下讨论中出现的重要看法，比如，我们可以使用纸制白板记录这些重要看法。

·不要忘了考虑后勤方面的细节，比如中间休息、茶点等。

教练式辅导提问示例：

"有没有要对行为规则进行补充的？"

"在我们开始前，谁有问题要问？"

过渡到下一块桥石：

"知道了我们目前所处的环境后，我们应该先定义目前面临的问题，好让我们就此达成共识。"

第2块桥石：定义问题或愿望

·明确定义和分析了问题之后，总结定义和分析的结果，看看这一定义和分析是否全面。

教练式辅导提问示例：

"这一解释是否与你对这个问题的理解相一致？"

"我们还有什么没考虑到的吗？"

· 如果我们面临的问题尚不明确，还没有进行过深入讨论，那么，和团队成员一起明确定义这个问题。

教练式辅导提问示例：

"我们要解决什么问题？"

"你对这个问题怎么看？"（引出对方的看法）

"你怎么定义这个问题？"

"还有哪些方面会影响我们对这个问题的认识？"

"如果我们这样定义这个问题（总结团队成员之前提出的看法），这一定义是否与你对这个问题的看法相一致？"

"还有哪些情况我们遗漏了或没有考虑到？"

过渡到下一块桥石：

"既然我们已经对这个问题的定义和认识达成了一致，我们在这方面的看法完全相同，接下来我们一起看看要实现的目标。"

第 3 块桥石：确定你要实现的目标

· 定义与这个问题有关系的、潜在解决方案会对其利益产生影响的利益相关人（个人或相关团体）。

教练式辅导提问示例：

"对于我们想要实现的目标，主要的利益相关人是谁？"

"这个问题或其解决方案还会影响到哪些人？"

· 从每个利益相关人的角度出发，列出他们的利益、需求和期望。

教练式辅导提问示例：

"利益相关人的利益、需求和期望是什么？"

"他们看重的是什么？"

"他们能从中获得什么？他们可能产生什么损失？"

"我们还应该考虑哪些因素?"

·考虑到利益相关人看重的因素,外推评估解决方案的衡量标准。

教练式辅导提问示例:

"考虑到上述所有因素,我们评估和评价解决方案的标准是什么?"

"我们怎样确定一个方案是否有潜力?"

"我们还应该考虑哪些因素?"

·告诉团队成员有意识地忽视障碍或限制,将自己"投射"到拥有理想结果的未来。

·从团队成员的回答中,让对方尽可能详细地描述出这一理想结果。

教练式辅导提问示例:

"如果时间、资金和资源供应充足,这一问题的理想结果是什么?"

"在你看来,成功是什么样子?"

"尽可能详细地描述这一未来情景的细节……"

·总结第 3 块桥石到此为止的团队讨论结果。

用于做总结的框架(在括号中填上内容):

"到此为止,我们讨论出了哪些结论?我们的主要利益相关人是(……)。他们看重的是(……)。他们的主要需求、利益、期望是(……)。基于这一点,我们提出了评估解决方案的下列标准(……)。另外,我们还考虑到,如果没有任何障碍和限制,理想的未来是这样的(……)。"

·和团队一起用一句话来具体概括你想要实现的目标。

教练式辅导提问示例:

"现在,我们已经考虑了所有问题,我们具体要实现什么目标?"

"这一点必须具体、明确:怎样用一句话来概括我们想要实现的目标?"

过渡到下一块桥石:

"现在,既然我们已经对这个问题的定义和认识达成了一致,我们在这一方面的看法完全相同，还准确阐述了想要实现的目标。接下来，我们要开动脑力机器——发挥大家的创造力。"

第 4 块桥石：通过发散思维产生想法

翻到第九章，阅读有关问题解决方法的灵感和想法，如本阶段可以使用的头脑风暴和创造性引导技巧。不管使用哪一种解决方法，都要立即把获得的想法、建议、看法记录下来，用于本次参考或供后续会议记录和想法库使用。

·提醒大家，现阶段的所有想法都可能会派上用场，不应该轻易作出否定判断。

·邀请并鼓励所有人畅所欲言——每个人的发言要简短，无须全面展开。

·上述邀请和鼓励可以多次提出，针对每个问题、每个人。

·鼓励团队"挖掘"得深一点，引出他们的其他想法，直到创意之泉彻底干涸。

教练式辅导提问示例：

"我们的哪些想法或办法可以解决这个问题，帮助我们实现目标？"

"做这件事还有什么办法？"

"我们还能做什么？"

"还有什么别的办法？"

"还有哪些办法？"

"想一想所有的利益相关人，我们还能想到什么？"

"还能想到什么？"

"此外，还能想到什么？"

……

过渡到下一块桥石：

"我们有很多想法。现在，我们开始下一步，着手详细表述、评估这些想法，确定入围清单。"

第5块桥石：过滤器

·邀请提出想法的队员阐述他们的想法并解答其他成员提出的疑问。

·鼓励大家围绕每个问题进行讨论，从所有可能的角度来分析每个想法中可以催生出的方案 —— 评估这些方案的影响、结果、归类、匹配程度和优先性。

·需要注意的是，在阐述和讨论的过程中，我们可能要自然地选择或排除一些想法，甚至增加想法或将几个想法合并为一个。

教练式辅导提问示例：

"我们依次来分析一下每个想法。你觉得（团队成员提出者的）这一想法的可行性如何？"

"（团队其他人）对这个想法有什么疑问或顾虑？"

"如果我们采用这个想法，它会带来什么影响（对我们，对于利益相关人）？"

"这个想法会引发什么（具体的，确切的）结果？"

"是否有人要对这个想法进行补充或调整？"

·将第3块桥石确定的衡量标准用于仍旧在讨论中的想法。

教练式辅导提问示例：

"这一想法是否符合衡量标准？"

"是否有需要我们考虑的其他因素？"

·针对所有有助于解决这一问题的想法列一个入围清单——没有统一标准，只要能推演成之后的三、四个行动方案即可。

教练式辅导提问示例：

"哪些想法最符合要求？"

"哪些想法能让我们实现部分 / 大部分 / 所有目标？"

"我们想要实现的目标是否需要做一些调整？"

"这会对我们的想法产生什么样的影响（如果有的话）？"

"我们可以保留哪些想法，而忽视哪些想法？"

"我们还应该考虑哪些因素？"

过渡到下一块桥石：

"现在，我们有了一个有关潜在方案的入围清单。下一步是分析每个方案的可行性，决定我们该做什么，应该保留哪些想法。"

第6块桥石：可行性评估

·带领团队对入围清单上的每个想法进行"现实检查"。

·依次针对每个想法，深入分析实施该想法最可能产生的结果以及对利益相关人、资源、流程、材料、时间框架等产生的影响。

教练式辅导提问示例：

"这一想法是否符合衡量标准？"

"这个想法会产生什么具体而确切的结果？"

"如果我们真的采用这一想法，对我们和利益相关人分别有什么影响？"

"还需要考虑对其他方面（资源、流程、材料、时间框架）的哪些影响？"

"假如影响是……这是不是一件好事情？"

"是否有人要对这个想法进行补充或调整？"

·将可行性差的想法忽略掉，或者从想法中提取有益元素后进行合并，通过这种方式对想法进行整合。

·选择满足大多数衡量标准、最接近既定目标、可行性最强的想法。

教练式辅导提问示例：

"我们要保留哪些想法，忽视哪些想法？"

"我们还应该考虑哪些因素？"

·比照你在第 3 块桥石中提出的理想结果，检查上述选定的想法——这一想法不太可能（当然也有可能）完全符合你想到的理想结果。

·发现想法中缺少的但是必须具备或应该具备的元素，考虑是否需要以及怎样根据现实情况对选定的想法进行修改或补充。

·需要注意的是，在团队创造会议上，理想结果本身可能会发生很大变化。

教练式辅导提问示例：

"选定的想法是否与我们之前确定的理想结果相一致？"

"选定的想法还能帮助我们实现哪些目标（如果有的话），无法帮助我们实现哪些目标（如果有的话）？"

"那些缺少的元素中，哪些元素（如果有的话）是必须具备或应该具备的元素？"

"我们选定的想法是否存在需要根据现实情况修改或补充的地方？"

"我们选定的想法中存在一些我们无法提供的元素，哪些元素是可以放心地放弃的，哪些元素是我们接下来或将来需要坚持的？"

·总结到目前为止大家达成的结果，重申最后确定的想法，确认每个人都认可这一想法。

·保留制订备用计划的选择权，比如，确定一个或多个想法备用。

教练式辅导提问示例：

"如果用数字 0~10 来表示你对这个想法的放心程度，那么你会选择哪个数字？（10 表示最放心）"

"还有什么是我们没有想到的？"

"还有吗？"

"万一需要的话，备用计划是什么？"

过渡到下一块桥石：

"到现在为止，我们已经决定了接下来要做的事情，现在，我们必须弄清楚具体该怎么做这些事情。"

第 7 块桥石：行动规划

·定义接下来的步骤，弄清楚实施这一想法需要采取的各种措施和子措施。

教练式辅导提问示例：

"要想做到……必须先做到什么？"

"要将我们的想法付诸实施，需要采取哪些措施和子措施？"

"为了保证事情没有疏漏，应该安排谁在什么时候做什么事？"

"还需要采取什么其他措施吗？"

·给实施这一想法的过程设置一些"里程碑"，共同商定一个针对参与者的进入流程和沟通结构。

·确定一个合理的衡量进度和结果的方式。

教练式辅导提问示例：

"实施这一想法过程中有哪些'里程碑'？"

"下次什么时候碰头？"

"怎样追踪我们的进度？"

"我们可以运用哪些机制或步骤来衡量进度？"

"我们怎么知道我们已经实现了当初制订的目标？"

第 8 块桥石：结束这一过程和反馈

·肯定并庆祝这次团队创造会议的成果。

·确保所有人都知道这个过程中自己的责任。

·确认大家在什么时候分享会议记录。

·请大家收集反馈或确定收集反馈的方法。

·不要遗漏或忘记这一桥石，因为它是一个提供套路流程、做事方法样本的极好机会，并且能助你分辨哪些方法有效，哪些方法需要调整。

教练式辅导提问示例：

"哪些方法效果好？哪些方法还可以改进？"

"下一次开团队创造会议的时候，哪些环节可以换一种方法来做？"

愿望模式

在不需要"快修"但面临时间压力的时候，可以调整 Crea8.s，运用愿望模式帮助你组织团队创造会议，专注于制订计划，确定未来的愿望和图景，针对快修模式的教练型方法在很大程度上也适用于愿望模式。因为我们这里分析的是愿望，而不是需要解决的"问题"，所以"问题"这个词出现时，我们都用"愿望"来取代它。我们只根据情况，给大家提出另外需要问的问题。

开启这个流程时，仍旧需要每个人都真心认可运作规则。因此，第 1 块桥石是完全一样的。

关于第 2 块桥石，这里有几个重要区别。在快修模式里需要分析和定义需要解决的问题，并就结果达成一致。在专注于愿望的时候，我们必须深入了解哪些方法好用，哪些方法不好用。依靠我们的愿望，未来的发展可能存在很多种方式。我们不是在针对某个问题寻找一种解决方案，而是扩展我们的眼界，让我们能够看到更为多样的行动方案和和可能性。实现团队的共同愿望本身就是一个颇具挑战性的任务，一些团队成员可能看出改变的必要性，对当前的现实很满意；其他人可能了解变革的必要性，但是非常担心这种改变带来的影响。这会导致团队最初甚至在愿望的内容、愿望导致的结果上看法不一。因为这个原因，在团队创造会议之前，一定要和团队成员就这些愿望达成一致。在第十个模块里，我们针对这个方面提出了一些方法。之后，你可以自由地运用这些方法来检验大家是否就团队的共同愿望达成了一致，并且澄清各种误解。此外如果必要的话，可以进行最后调整。

增加的教练型问题：

"你们觉得我们渴望实现的应该是什么？"

"整个团队渴望实现的是不是与大家的理解相一致？"

"如同我们在会议上讲的那样，我们的愿望是（……），那么，我们是否愿意在这个基础上再向前推进一步？"

在愿望模式中，知道自己想要什么，并一起定义重要的利益相关人和他们的利益、预期很重要。这个过程还会产生衡量所有想法的标准。但是，根据愿望的内容，未来很可能有多种发展方式，甚至可能涉及不止一种可能。你用以指导这个团队的过程和问题和快修模式完全一样，但是强化思维过程、挑战能力极限的思维练习变得更为重要。你可以身体前倾，热情鼓励大家在这一阶段采取更为广阔的、非常规的思维方式，不要受任何限制。

增加的教练型问题：

"怎样最有助于实现这一愿望？"

"我们能够利用的机会是什么？"

"我们可以创造哪些机会？"

之前的问题："如果时间、资金和资源供应充足，这一问题的理想结果是什么？"

代之以这个问题："如果时间、资金和资源供应充足，我们可以实现的理想结果是什么？"

在鼓励大家畅所欲言、各抒己见方面，你可以采取与快修模式完全相同的方法。

在过滤过程要注意的是，我们的目的不是仅针对每个问题提出一个确定的解决方案，而是尽可能提出更多有前景的想法。实际上，针对每个问题提出多个想法是一件再有益不过的事情。记住，你要寻找的是更为多样的行动方案。

增加的教练型问题：

"哪些想法能够以最小的努力和投资换来最大的潜在积极影响？"

为了让我们的思维更为开阔，愿望模式下的可行性检查不像快修模式那样对多个方案都进行层层筛选，只留下一个最佳方案，而是保留一定数量的想法进行深入考察。你希望保留下来的这些想法中的一部分能够帮助你实现愿望。在这一阶段，有些想法虽然不一定满足所有标准，但也不应该被忽视，尤其是你和你的团队感觉到该想法拥有一定潜力的时候。针对这种想法，你可以将深入调查纳入行动方案中。

增加的教练型问题：

将所有问题中的单数"想法"（idea）替换为复数"想法"（ideas）。

你要从可行性评估中获得一个以上的想法，这说明，你必须确定一个以上的行动方案。对于你要推进的想法，必须确定相应的"里程碑"，就沟通方式、怎样衡量成功达成一致。

和快修模式一样，结束 Crea8.s 模型的愿望模式时，要庆祝团队运用这一模式取得的成就，收集有关整个过程的反馈。

在快修模式里，结束团队创造会议之前要提出一个明确的解决方案和需要执行的行动计划，而在愿望模式里，这一独特创造过程的结束，同时也是新的起点，是其他旅程的开始。你和你的团队现在已经准备探索广阔的领域，推进那些可能帮助你实现愿望的想法。

总 结

1. 在一个充满挑战性的时代，组织团队创造会议，获得更多的备选方案和更为发散的思维方式，在经济上是很有价值的——获得的回报远远超过时间上的投入。

2. 团队创造会议可以在两种情况下令人受益：眼前有需要紧急处理的问题，需要高瞻远瞩改善长期业务的可持续性。

3. 这两种情况下都能运用 Crea8.s 模型，但是采用的是不同的模式：快修模式和愿望模式。这种模型为你提供一种结构和框架，它扮演了"现在的你和你的团队"与将来"理想的你和你的团队"之间的桥梁。

4. Crea8.s 模型的前 4 块桥石让你们就运作规则达成一致，并定义需要解决的问题或愿望，确定想要实现的目标，运用发散思维来引出想法。

5. 第 5~8 块桥石对大家提出的所有想法进行过滤和可行性评估，确保会议结束时，大家能清楚地知道下一步的工作。

6. Crea8.s 的有效性建立在你能够提出正确的教练型问题这一基础之上。这种问题既能刺激别人，也能鼓励别人，其作用就像是它们所支持的思维过程的黏合剂。

207

7. 依托 Crea8.s 模型的多种用途，你可以培养提问技巧，能够更好地面对你和团队面临的短期挑战，顺利解决各种问题。

需要记住的是，你的教练技巧推动着整个过程。你必须具备你在第一部分了解到的进入教练角色、辅导其他人所要具备的一切元素（教练思维、强力问题、倾听、管理关系层次），再加上"创新团队模块化"中你能够使用的所有元素。在你和团队能够为所在企业发展提供更多、更好的想法上，你起到了很大的推动作用。

来自"试飞员"的建议：卡琳关于 Crea 8.s 模型的建议

作为流程的领导者，你要了解团队的组成结构和背景。要留意团队成员的情绪和精神状态，然后对该模型进行相应调整。例如，这个模型可以拆分为多个小部分，通过多个会议来实施。对于某些团队来说，你需要调整焦点，多花一些时间研究未来情景。对于另外一些团队来说，先了解过去会让你受益良多。

——卡琳·P，某制药公司全球总部的人力资源总监

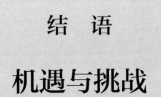

结　语

机遇与挑战

创新应该是存在于每个人头脑中极其重要的事情。斯科特·安东尼在《创新小黑书》（ *The Little Black Book of Innovation* ）一书中说："在当今世界，创新不是可做可不做的事情。如果你不创新，你就是在播下自我毁灭的种子。（安东尼，2012，P28 ）"

本书在前进的每一步都鼓励你将创新作为驱动创新这一使命的首选方法。现在，当你梳理思路，将教练工具和技巧融入日常工作的时候，你应通过打开创造力、产生想法和大局思维的大门来大幅提升工作质量，这对于创新来说至关重要。

作为用教练法推动创新的先行者和倡导者，我们要告诉你：就驱动创新这一使命来说，你并不孤单。早在 1963 年的 IBM（国际商业机器公司），我们就听说过对所谓公司思维的一种深刻见解。接下来的话引自一篇名为"IBM 管理原则与实践"的网络文章。这篇文章讲述了很多有关 IBM 公司管理原则方面的想法和观点，它引用了 1952—1971 年间担任 IBM 总裁的小汤姆斯·沃森的话。

"经常质疑我们的运作方式对于良好的管理来讲至关重要，尤其是在 IBM。我们都很忙，但是我们应该挤出时间 —— 只需很少的时间 ——

像来访者那样到处转转之后，提出问题：为什么我们要用某种方式解决问题？这就是催生真正创新的查究态度。你在问这种问题的时候，你注定要想出新颖的更好的东西。当然，我们希望所有员工都具有这种态度，而不仅仅是那些主管。鼓励他们这样做的办法是，我们所有管理人员始终对下属提出的问题抱持开放的态度。我们应该让他们清楚地知道，IBM 需要他们的想法，不管大小，只要他们的想法能够帮助公司有所进步。你非常清楚怎样激发这种探究态度。正是这种态度帮助 IBM 不断成长，并会在将来推动 IBM 继续发展。"

我们希望，你可以轻松发现运用教练工具和技巧对于培养这种调查和探究的关键作用。看到上面的话，我们的兴趣和好奇心被激发了出来，我们很想知道，促使他说出这些话的精神是否仍然存在于今天的 IBM。下面的文字摘选自我们在 2012 年写的一篇采访文章。采访对象是斯蒂芬·孔茨。他当时是 IBM 公司"人力资源合作伙伴和员工生命周期"（HR Partners and Employee Lifecycle）部门的主管。

问题：IBM 是否存在教练文化？

回答：IBM 绝对存在教练文化。教练法是我们关键的管理方法之一。公司大力鼓励主管们抓住一切机会辅导他们的下属，公司也要对主管们进行教练法的培训。教练法作为一种领导和管理方法，在这些情况下效果最好：当下属意识到现在的自己与理想的自己之间的差距时，当他们想要突破自己，寻找新的职业发展时，当你想要自己的团队成员积极创新，提出新颖的想法时。当然，面临危机时，你不能使用教练法，在这种情况下，你需要做的事情是"救火"。不过，你不需要经常"救火"，对吧？

问题：你们具体是怎么做的?

回答："教练法是我们未来领导者培训开发的一部分。那些显示出未来领导者潜力的员工被选拔参加'IBM 领导学习课程'。在那里，他们除了学习其他技巧之外，还要学习如何教别人。我们还请这些员工的主管用教练法来支持这些员工的学习课程。同时，公司还经常用非正式的方式要求主管们将教练法用于彼此的交流。"

问题：教练法作为一种领导方法有什么作用?

回答："作为一种领导方法，教练法需要领导者相当成熟。你能够体会到，教练法在大多数情况下是正确的管理方法，但很多人认为这种管理方法需要投入太多时间。没错，教练法需要投入时间，你需要给员工提供空间和自由，这不是容易做到的事情，有时甚至不可能做到。还有人问怎样衡量教练法的贡献。这里，我们有一些证据能够证明它确实能够增加价值。例如，我们的销售人员在接受辅导之后，某些绩效指标提升 26%。我个人将教练法看作我日常工作的一部分。我和团队成员、主管在日常交流中就采用这种方法。"

问题：你个人怎样看待教练法在工作中的价值?

回答："我希望有人能来教我。我需要一个跟我对练的人，因为我相信在某个领域我可以做得更好，但是我一直不知道怎样坚持下去。我希望我的主管能向我提出正确的问题。我接触过很多主管，有的主管在这方面很擅长，有的主管不擅长。好在我想被教的时候，不需要去找主管，我可以在 IBM 内部的其他部门里寻找机会。教练法对你影响很大，在发展自己方面，它也许是最令人满意的体验，因为你可以设计自己的解决方案。"

问题：有没有针对当今组织内大局思维的商业案例？

回答："在 IBM 公司，公司要求员工每天都运用大局思维，而不必针对大局思维搞什么商业案例。我们寻找具有前瞻思维，能够营造思维启发氛围的员工。运用大局思维不需要什么具体原因，我们知道这种投资很划算。每次我与员工交流，我都想办法激励他们，问他们为什么要用这种方式做这件事。有没有一个更好、更新颖、更有效的办法？要想营造这种文化，你必须改变目前的态度和行为，必须积极贡献和分享。在分析全球经济背景时，我个人认为人们迫切需要大局思维，尤其是在西方世界。我们无法在普通商品上与其他地区相比较。这就是我们需要改变思维方式，寻找目前还没有被创造出来的东西和方法的原因。我们需要大局思维来帮助我们实现这一目标。"

问题：当今的职场如何培养创造力？

回答：只有允许人们发挥创造力，积极提出自己的想法，企业或者团队中里的创造活动才会蓬勃发展。你必须给团队成员提供一个可以提出自己想法的平台；你必须允许他们犯错误，鼓励他们深入分析形势，消除障碍。要想有所创造，还要先弄清楚哪些事情是不可能的，哪些事情不能改变。对任何事情都进行"创造"是不现实的，我们必须专注于那些可以通过影响流程和结果来加以改变的事情。这在一定程度上取决于你所置身的环境。在大公司里，也许你应该首先考虑在你的层面能改变什么，因为创新可以发生在组织的各个层面之中。

问题：你认为，创造力与创新之间的联系是什么？

回答："首先，我要定义我所说的创新。我说的创新，并不是指发明电灯泡。创新是用更为新颖、更为高效的方法做事情。这里的更为高效指的是更少的投入换来更好的结果，也许同时还有更高的收入。如果我们做到了这一点，我们就能够创新。但是，要做到这一点，你需要拥有自己的想法和可以相互交流想法的环境。你无法预先知道一个想法好在哪里。也许它不能解决眼前的某个需求，但是你听到它，并做一番认真思考，也许它以后就能派上用场。营造一个人们可以发挥创造力，开启大局思维的环境对于创新至关重要。"

问题：教练法对这一切有什么帮助？

回答："教练法可以有效辅助营造这种环境。IBM 总在问怎样通过改变做事方式，让工作更加高效、快速，成本更低，增加更多价值，效果更好。如果企业具备了教练文化，我们就会将想法看作一种礼物。依托教练法，你可以营造一个积极提问、直抒己见的环境。人们可以直接说出自己的看法，他们的想法也可以更好落实。你可以激励想法的生成，这就是教练法的作用。"

来源：采访斯蒂芬·孔茨（摘录），时任 IBM 公司"人力资源合作伙伴和员工生命周期"部门负责人，采访时间为 2012 年 5 月 4 日。

塔塔集团的前行之路："异花授粉"和那些"敢于尝试"的人获得的回报

塔塔集团成立于 1868 年，其分支机构遍布 80 多个国家，业务涉及众多领域。1991 年，当时的董事会主席拉坦·塔塔认为，要想让企业在全球经济下生存和发展，他就必须将创新当作头等大事来做。他将创新融入了塔塔集团的 DNA，让每个分公司的每个员工都像创新者一样思考和做事。（斯坎伦，2009）

今天的塔塔集团仍然专注于新技术和创新，借以推动公司在印度国内和国外业务的发展。公司认为，跨行业部门的"异花授粉"会给创新使命增加价值。高级主管会到世界各地的分公司去参观和学习，了解如何在不同的环境里进行创新。（塔塔集团，2013）集团还有很多内部项目。其中的一个例子是"Tata Innovista（创新远景）"，该项目推出于2006年。这是一个内部创业大赛，目的是提升塔塔员工敢于换一种方式做事情、敢于尝试创新思维的能力。2013年，塔塔有限公司的董事安沃·哈桑在塔塔集团"创新远景"英国地区决赛期间的讲话提到了这一大赛的"敢于尝试"奖。该奖是为了表彰那些虽然尝试了但不一定获得成功的员工。他说："'敢于尝试'奖的目的在于鼓励员工打破常规思维。失败并不可耻——即使你再次尝试没有成功，也不可耻。（塔塔集团，2013）"

很多企业相信教练法的价值，已经将这种方法融入它们的运作管理中。但是，并不是所有企业都意识到了教练法与创新之间的联系，虽然对于我们来说，二者之间的关系是显而易见的。如果错过了这一机会，企业可能就无缘大局思维。采用教练法有这么多好处，而且对你营造创新的、能催生新想法的环境作用如此之大，我们看不到不充分利用教练法的原因。

前行之路

打造思维衍生文化需要一步一步来，需要在三个层面上平行进行：组织层面、团队层面和个人层面。

第一，如果要提出长期的、能够催生创新的创造性方案，就必须采用具有可持续性的方法、共同的价值观，如信任、透明度、多样性、包容、大局思维等，它们必须植根于企业的每个部门中。要让一个企业高效、有朝气，企业必须明确承诺营造将教练法看作管理和沟通方法、将创新当作头等大事的文化。从这一点开始，你就可以将教练法和创新融合在一起。和很多其他变革过程一样，这个改变的最佳切入点从获得了领导团队坚定支持的顶层开始，然后向下渗透到整个企业。Crea8.s 模型的愿望模式对于回答这一问题很有帮助："怎样才能在企业内部营造思维衍生文化，培养大局思维？"我们相信，团队创造会议会产生一些有趣的结果。

汉高的前行之路：投资未来的创新者

汉高公司总部位于德国杜塞尔多夫，在世界范围内经营着三大技术和品牌名列前茅的业务：洗涤剂及家用护理、化妆品／美容用品、粘合剂技术。汉高公司每年针对学生举办一次创新竞赛，帮助报名者深入了解可持续性，将他们的创造和战略管理技巧提升到更高层次。汉高公司的首席执行官卡斯帕·罗思德表示要将创新视为公司成功的关键动力。卡斯帕对参加竞赛的学生们这样说："你们是我们要物色的青年才俊。我们想要了解你们，与你们建立联系，回答你们的问题，倾听你们的想法。因为你们代表着未来。"在参加这一竞赛的过程中，参赛的学生可以使用电子学习平台，探索有关企业业绩、社会进步、安全与健康、能源和气候、材料与废弃物、水与废水的焦点领域。上述探索工作从两个角度开展：提升价值、减少中间环节。（汉高，2012）

第二，在团队环境中，将视角不同的人汇集在一起是获得和催生想法、实现创新的好方法。我们看到，团队相较于个人往往可以实现更多创造性输出。你的目标是强化和巩固团队的核心信条。

"变化可能是一件好事情。"

"问题总有另一个解决办法。"

"大局思维可以增加价值。"

"1+1=3。"

"如果有共同的目的和明确的目标，我们的效率就会最高。"

"我们一定要竭尽全力争取成功。"

"失败没有关系，只要我们能够从中学到东西。"

只要你坚信这些看法，在信任、透明的氛围中和团队成员共同合作，你们就拥有了让新颖想法生根发芽的肥沃土壤。

第三，你需要正确的创新态度，必须像一个创新者一样行事，你的行为应该是那些典型的创新者所共同具备的榜样性的行为。当教练法成为你首选的行事方式，成为你与人交流时下意识采用的方式时，你就可以使用教练法释放你和他人身上潜藏的创新潜力，专注地进行创新。在个人层面上，成功的前提是提升自己的技巧和能力，高效地使用教练工具和技巧，让它们发挥最大作用。你需要使驱动创新变得容易，做他人的好榜样。要积极主动，利用每个机会进行实践，以引出反馈的方式在迈出每一步的过程中了解新情况。

继续投资你自己，通过教练法积极创新。你会发现，当你为了创新而走入教练角色之后，你距离一个创新者的距离就很近了。

附　录

附录 I　理想的创新教练式谈话中会涉及的问题

·你和团队进行创新交流意味着需要提出以下问题：

"最理想的创新文化是什么？"

"我们的文化是否符合这一标准？"

"我们对创新是否有正确的态度？"

"我们是否拥有正确的创新文化？"

"我们是不是将创新当作一个目标并孜孜以求？"

"我们怎样才能提升自己的积极性、说服技巧和合作能力？"

·讨论创新活动应该提出下列与客户有关的问题：

"谁是（内部／外部）客户？"

"这位客户最需要／看重的是什么？"

"我们怎样才能知道这位客户最需要／看重什么？"

"我们怎样确信这就是这位客户最需要／看重的东西？"

·就当前情况进行分析讨论，需要提出下列问题：

"当前哪些措施有效，哪些措施没有效果？"

"从外部视角来看，当前哪些措施有效果，哪些措施没有效果？"

"如果我们什么也不做，会出现什么情况？"

"我们能发现哪些机会？"

·讨论具体要实现的目标，需要提出下列问题：

"我们想要实现什么目标，我们怎样知道已经实现了这个目标？"

"假如我们已经实现了这个目标，我们是怎样实现它的，这个过程中的关键里程碑是什么？"

"与实现这一目标相关的关键假设是什么？"

"要深入了解这些假设，我们需要获得哪些信息？"

"我们怎样做才能从过去的做法中走出来？"

·讨论可以从哪里获得好的想法，需要提出下列问题：

"我们可以从哪里获得灵感和想法？"

"我们应该向谁求助？"

·讨论如何激发好的想法，需要提出下列问题：

"我们的哪些措施可以用于不同的背景和不同的客户？"

"如果我们在……方面重新开始，我们会怎么做？"

"我们怎样调整和改进现有的做法？"

"可以从……获得哪些元素，哪些元素可以融入我们当前的做法？"

"如果时间、金钱和资源供应充足，我们应该怎么做？"

"如果我们不这样做……我们应该怎么办？"

·讨论什么地方可能出错，怎样提前做准备，需要提出下列问题：

"如果所有的计划都不完美，那么我们的计划怎么样？"

"这个计划中什么地方可能出错，如果出错的话，我们应该怎么应对？"

"如果我们意识到我们错了，应该怎么办？"

"第一个备用计划和第二个备用计划在哪里？"

"我们怎样才能预见内部和外部冲突，并提前应对这些冲突？"

·讨论创新团队的构成情况时，需要提出下列问题：

"我们需要具备哪些技巧？"

"我们团队中已经具备了哪些技巧，还不具备哪些技巧？"

"我们还需要从外部引入哪些新的、不同的技巧？"

"我们去哪里找出色的人才，怎么弥补技巧上的空缺？"

"如何在团队成员的任命上避免失信，保证团队能补充新鲜血液？"

"怎样营造自己的独特文化？"

"怎样给自己寻找新的头衔和标签，为自己塑造新的身份？"

·讨论怎样组织团队，需要提出下列问题：

"怎样安排团队的组织结构，使其与我们的需求、任务相一致？"

"与我们的目标相一致的流程应该是什么样子？"

"我们怎样才能有一个良好的开始？"

"怎样才能摒弃当前消极的组织习惯或管理惯例？"

"新团队需要什么样的权力结构？"

·讨论怎样管理和评估专注于创新活动的团队，需要提出下列问题：

"我们是否会正确地奖励创新方面的努力，即使结果并不总是令人满意？"

"我们应该为哪些行为负责？我们现在在为自己的行为负责吗？"

"针对这一创新活动，我们是否有正确的监督者或领导人？"

"怎样评估我的团队学习、调整、不坚持僵化的业绩预期的能力？"

·讨论怎样获得正确的支持，需要提出下列问题：

"我们怎样才能获得需要的资源？"

"谁可以为我们提供支持？"

"我们怎样说服团队之外的人帮助我们？"

·讨论作为创新活动基础的（内部／外部）假设，需要提出下列问题：

"这一创新活动有什么独特之处？"

"这个假设的具体内容是什么？为什么？"

"与这个假设相关的至关重要的因素是什么？"

"我们是否清楚地知道每个关键因素是什么，它意味着什么？"

"每种假设的不确定性如何？"

"每种假设的替代假设是什么？"

"每种假设可能产生什么影响？"

"每种情况可能会产生什么结果和影响？"

"这一结果取决于什么因素？"

"哪些证据能证明我们的假设是合理的／需要修正／没有依据？"

"构成我们假设的元素在哪里交叉？"

"其中存在哪些可变因素，它们之间的相互关系如何？"

"怎样将所有假设和可变因素融合成为一个假设？"

"我们是否拥有一个系统的流程，它能帮助我们确定和修改假设，以便事后总结经验？"

·讨论是否需要检验假设、研究这些假设，需要提出下列问题：

"我们是否在尝试和了解情况方面做出了足够多的努力，或者是否需要正式启动调研工作？"

"应该怎样制订调查计划？"

"怎样正式启动调查计划？"

"怎样从调查中获得足够的情况，将猜测变成可靠的预测？"

"怎样从一个大的未知推进到很多小的未知？"

"关键的未知是什么？我们首先应该怎样评估它们？"

"我们怎样迅速获得准确的结果？"

"每个假设都可以并应该单独检验吗？"

"怎样为整个挑战提供部分解决方法？"

"做决策是否需要完整的解决方法？"

"在不确定的备选方案之间做出选择需要采取哪些措施？"

"如果我们没有完整的解决方法，怎么办？"

"我们需要在科学性和准确性上达到什么要求？"

"进行完整测试是否会耽误太多时间？"

"这是否值得／有必要？"

"哪些方面需要定量分析？哪些方面需要定性分析？"

·讨论成本对创新活动的影响，需要提出下列问题：

"怎么才能在调查上少投入、多收获？"

"我们应把资金花在什么地方，为什么？"

"我们的支出项目有哪些？"

"这可以控制吗？"

"我们何时准备将工作重点转移到销售收入或成本分析上来？"

·讨论如何评估创新活动的进度，需要提出下列问题：

"我们怎样建立一个能够适用于这一创新活动（而不仅适用于核心业务）的绩效衡量标准？"

"这一绩效衡量标准需要满足什么要求？"

"如果我们在绩效衡量标准上走错／走对了路，会产生什么影响？我们能接受的结果是什么？"

"我们怎样评估进展？"

"我们怎样重新评估这个计划？"

·讨论如何让每个人对自己的工作做到完全诚实，需要提出下列问题：

"我们是成功了还是失败了？"

"哪些方面进展顺利？哪些方面效果令人不满意？原本应该怎样做？"

"如果工作存在欠缺，引起这个问题的原因是什么？是方案有问题，还是执行不力？"

"我们的想法是不是在某方面过度了？例如，提供了太多超过客户需求的性能。"

"相较于实施结果，我们能从计划中了解到哪些情况？"

·讨论如何从方式中学习，需要提出下列问题：

"你是否对自己有清醒认识，运用了一个严谨的学习流程？"

"我们是否记录了进度，是否对照先前的假设评估了学习结果？"

"我们是否仅仅在拥有足够依据之后才考虑修改假设？"

"发现新情况之后，我们能否快速做出反应？"

"我们怎样才能保持学习心态？"

"哪些因素会影响我们，让我们作出错误判断？"

"应在什么时候、什么地方划出明确的界限？"

"我们是不是在问正确的问题？"

附录II \ 专注倾听：内容建议

改述和总结

专注倾听活动 1 —— 改述

原句 1——我们建议的改述：

"你想说的是，开发票的流程将要发生改变，每个受此影响的人必须在下周末之前了解这些变化。这意味着要产生很多额外的工作量。"

原句 2 —— 我们建议的改述：

"如果我没理解错的话，公司将在夏天，而不是圣诞节提供午餐。你不确信这是不是适合所有人的情况，因此你考虑给人事部门写封邮件，谈谈你的看法。"

专注倾听活动 2 —— 总结的最初几个步骤

原句 1 —— 我们建议的总结：

她向外望去，看到一场暴风雨就要来临。

原句 2 —— 我们建议的总结：

国王感到身体不适，传唤御医。御医给国王做了检查之后，诊断结果是消化不良，建议国王禁食一天。

原句 3 —— 我们建议的总结：

弗朗西斯告诉前台的接待员，她在等一个重要包裹，如果那天下午有包裹要她签收的话，应去哪里找她。

附录Ⅲ \ Ｓ：Ｉ：Ｆ：Ｔ 规划表

Ｓ：Ｉ：Ｆ：Ｔ模型综览表

总体目标			时间限制	
针对每个方案	方案 1	方案 2	方案 3	方案……
概要				
影响				
详细步骤				
怎样检查和衡量进度				
做出最终决策的标准				

资料来源：比安基和斯蒂尔。

Ｓ：Ｉ：Ｆ：Ｔ模型方案表

方案 1（概述）						
针对每个方案	子措施	执行人	时间限制	里程碑	资源	障碍
措施 1						
措施 2						
措施 3						
措施……						

资料来源：比安基和斯蒂尔。

附录IV 菲利普和 S：I：F：T 模型："我应该把车停在哪里？"

背景

一个中等规模的 IT 公司，位于距离市中心 5000 米外的工业园区，因为员工数量的增加而面临停车位短缺问题。因为没有从市区直接开往工业园区的公交线路，问题在不断加剧。管理停车位问题是办公室主任菲利普的职责之一。他必须找一个可行的方案来解决停车位问题。因为工业园区空间有限，所以扩大停车场的解决方案是不可行的。他的同事，来自财务部的玛莎运用 CMO 模型的第一步和第二步，走入教练角色。她帮助菲利普想出需要进行深入调研的四个备选方案。玛莎本人等候车位已有一年多。和其他很多员工一样，她对目前的状况很不满意，希望看到一个有效的解决方案。由于事关她的利益，所以当菲利普再次请她帮忙时，她非常愿意帮助菲利普完成调研过程。她决定使用 S：I：F：T 模型。

提出的解决方案

方案 1：向工业园区的其他公司租车位。

方案 2：鼓励人们乘坐公交上下班。

方案 3：鼓励人们骑自行车或小型摩托车。

方案 4：拼车。

调研过程的规划和信息获取

玛莎通过提问题提醒菲利普之后，菲利普制订了一个调研计划，深入调查每个方案，并将相关内容填入调研过程的"规划表"。在这一案例研究的结尾处，你会看到填好的综览表和针对第二个方案的方案表。

方案 1：

与工业园区的其他公司交流之后，菲利普发现，他们也同样困扰于这个问题。因此，租用停车位的办法行不通。

方案 2：

调查公交线之后，他们发现，附近有火车可以一直通到市中心。通过与公司员工交流并查看火车时刻表，菲利普意识到，火车到站时间与公司上班时间相冲突。例如，从距离公司最近的很多员工居住的大城市开来的火车到站时间要比公司上班时间晚 10 分钟。虽然这个矛盾看起来很难解决，但是菲利普不愿意放弃这个想法。他有一个直觉，肯定有办法解决这个问题。

方案 3 和方案 4：

通过内部调查，菲利普发现，没有多少人对拼车感兴趣。但是，一些人对骑自行车上班表现出了兴趣，但是担心到公司后没有地方换衣服。

校准和副产品

调研过程让几件事情变得明朗。首先，可以将方案 1 和方案 4 忽略掉，无须进一步调研。虽然如此，菲利普将这两个想法保存在了他的想法库里，以便情况变化之后能够派上用场。其次，在规划表各方案栏中列出的初始措施的基础上对方案 2 和方案 3 进行调查，不仅提供了一些答案，还提出了一

些需要进一步回答的问题。这两个方案都需要进一步的思考和调研。

玛莎的校准问题促使菲利普计划与每个方案相关的其他措施。菲利普意识到，方案1可行的关键是从火车站到公司要有某种大众运输方式，并且，公司的工作时间必须要灵活一些。这意味着需要调研和计算各种交通方式的成本，比如，往返火车站的区间车，人力资源部门、顶级管理层调研在工作时间中引入某种程度的灵活性的可能性。对于方案3，他感觉，如果能够提供洗淋浴和换衣服的地方，人们会很乐意采用骑自行车和小型摩托车这种交通方式。这个方案也需要进行成本计算，进行深入探讨。

校准之后调研过程的结果

在管理层的支持下，校准阶段之后的深入调研催生了下列决策。

为了起到立竿见影的效果，在一天的关键时间段内引入免费的区间车，往返公司和市中心的火车站接送公司员工。同时，公司上班时间可以推后半小时。

让好想法一直保持活力，随时将其派上用场。

六个月之后，公司改造了原来的休息室，增加了淋浴设施。而且，针对那些骑自行车或小型摩托车上班的员工，公司赠送一张餐券。凭这张餐券，员工可以在公司餐厅享用免费午餐。

创造力催生创造力

到此为止，停车问题已经被有效地解决了。大多数人现在乘火车上班，然后通过区间车前往公司。另外，骑车上班的人也很多。因为骑自行车上班还能达到很好的锻炼效果，所以家离公司较远、乘坐火车上班的员工想要尝试怎样从火车站骑自行车到工业园区。后来，公司与市政府合作，引入了一个低成本的自行车租赁方案，在火车站附近开辟了一个取用和归还自行车的网点。

Ｓ：Ｉ：Ｆ：Ｔ模型：综览表（填写完整的综览表示例）

总体目标：为所有员工解决停车场地短缺的问题		时间限制 4~6 个月	
针对每个方案	方案 1	方案 2	方案 3	方案 4
概要	向工业园区内的其他公司租借停车场地	鼓励人们使用公共交通工具	鼓励人们改骑自行车或小型摩托车	拼车
影响	租用成本的预算影响、停车位的数量都会影响最终决策	会影响使用这一公共交通工具的员工——习惯的改变、某些不便之处（花费时间较长、下火车之后要寻找前往公司的公交车等） 改乘公交车的人数会影响最终决策	会影响改骑自行车或小型摩托车的员工——习惯的改变、某些不便之处（花费时间较长、疲惫等） 免费午餐对预算的影响很小 改乘自行车或小型摩托车的人数会影响最终决策	会影响拼车的人——习惯的改变、需要从公司层面上做工作（需要专人做协调工作） 免费午餐对预算的影响很小 拼车员工的人数会影响最终决策。
详细步骤	1. 计算我们需要多少个车位才能解决问题 2. 与其他公司商谈（我，1~2个星期） 3. 如果车位足够的话，看看财务方面是否允许（我，1~2个星期） 4. 从财务总监马克那里了解预算，并获得他的批准（我） 5. 实施（协议，其他手续）（我，法务部门） 这一阶段看不到对整个时间安排的消极影响	1. 查看是否有可用的公交线路和时间（我，1~2个星期） 2. 询问当地政府，是否有在市中心和工业园区开通公交车的计划 3. 探索人们从市中心前往工业园区的替代方式（我，3~8个星期） 4. 假如乘坐公交车是一个可行的方案，多少人会改用这一交通方式，怎样增加这一出行方式的吸引力？就这些问题做问卷调查（我，3~8个星期） 这一阶段看不到对整个时间安排的消极影响	1. 准备调查问卷，并向全体员工发放（我，3~8个星期） 2. 问卷结果分析（我，5~6个星期） 3. 如果问卷调查结果是积极的，组织"第一辆自行车/小型摩托车日"庆祝活动，开启这一活动 4. 如果问卷调查的结果是消极的，想一想怎样克服相关困难（我，第2个月） 这一阶段看不到对整个时间安排的消极影响	1. 准备调查问卷，并向全体员工发放（我，3~8个星期） 2. 问卷结果分析（我，5~6个星期） 3. 如果问卷结果是积极的，组织"第一拼车日"庆祝活动，开启这一活动 这一阶段看不到对整个时间安排的消极影响

续　表

总体目标： 为所有员工解决停车场地短缺的问题		时间限制 4~6个月
怎样检查和衡量进度	设置"里程碑"。 · 每周跟踪"测试阶段规划"：如果必要的话，采取补救措施。 · 每月向顶级管理层进行一次口头汇报。	
你将使用哪些标准进行最终决策	· 如何找到尽可能多的停车位。 · 如何尽可能减少对停车位的需求。 · 对财务的影响。 · 理想情况是多个方案与小投入、大收获的结合。 · 顶级管理层的许可。	

资料来源：比安基和斯蒂尔。

S：I：F：T 模型：方案表（针对方案 2 的完整方案表）

方案 2（综览）鼓励人们使用公共交通工具

针对每个措施	子措施	执行人	时间限制	里程碑	资源	困难
措施 1 查看是否有可用的公交线路和时间 （我，1~2个星期）	1. 从火车站或互联网上查看火车时刻表	菲利普	第 1 个星期	查到了火车时刻表	没有什么资源	没有
	2. 查询 40 千米内火车站的联运车辆	菲利普	第 1~2 个星期	查询了联运车辆，确实存在联运车辆	没有什么资源	没有
措施 2 询问当地政府，是否有在市中心和工业园区开通公交车的计划。 （我，1~2个星期）	1. 确定由谁去和市政府进行交流	菲利普	第 1 个星期	市政府工作人员的名字和联系信息	来自市政府吉尔的建议	容易联系到相关的人
	2. 安排电话预约或面对面预约	菲利普	第 1~2 个星期	完成预约，查询到相关信息	没什么资源	找不到相关信息

方案2（综览）鼓励人们使用公共交通工具

针对每个措施	子措施	执行人	时间限制	里程碑	资源	困难
措施3 探索人们从市中心前往工业园区的替代方式（我，3~8个星期）	1. 查询是否可以找到出租车，以及价格	菲利普	第3~4个星期	获得3个出租车公司的报价	来自招标部门的出租车公司名单	没有
	2. 利用任何机会与员工交流，探索替代方案。将每月的员工例会用作交换看法的公共论坛	菲利普	第1~2个月	列出员工的建议。列出在第1~2个月员工提出的建议	没什么资源	缺少员工的建议和看法
	3. 使用调查问卷收集到的信息来探索替代方案（员工是否有任何建议）	菲利普	第8个星期	列出需要进一步探讨的替代解决方案	没什么资源	缺少员工的建议和看法
措施4 假如乘坐公交是一个可行的方案，多少人会改用这一交通方式，怎样增加这一出行方式的吸引力	1. 准备调查问卷（包括哪些问题阻碍人们乘坐火车上班，以及员工的建议）	菲利普	第3个星期	调查问卷准备就绪	去年"员工工作—生活平衡情况调查"的问卷样本	没有
	2. 就调查问卷提供反馈	玛莎	第4个星期初期	获得了玛莎的意见和看法	玛莎	没有
	3. 向所有员工发放调查问卷	菲利普	第5个星期末	向所有员工发放调查问卷	没有什么资源	玛莎的工作量
	4. 分析调查问卷的调查结果	菲利普	第8个星期	返回调查结果	"员工工作—生活平衡情况调查"最终报告样本	反馈率低
	5. 理解员工乘坐公共交通工具的障碍，思考怎样消除这些障碍	菲利普（和玛莎）	第8个星期	列出所有障碍和相反的策略	玛莎的校准问题	员工提出的建议和意见少

附录V 试飞员：案例精选

1. 卡琳·P 和 Crea8.s 模型的愿望模式

卡琳在一家制药公司的全球总部担任人力资源总监。她的六人团队为总部各部门和一个当地生产基地约 500 名员工提供支持。公司的人力资源工作流程不是没有，就是效率不高。卡琳带领的人力资源团队承担了大量的行政职责，工作经常很被动。因此，公司内部抱怨人力资源部门不能提供高质量的服务，人力资源团队不知所措，情绪低落。

卡琳迫切地想要改变现状，计划在人力资源部门引入创新的方法和流程，让人力资源部门成为一个真正的业务辅助部门。通过观察和与团队内外的同事交流，她意识到，要想让变化具有可持续性、有效果，这一变化必须来自人力资源团队内部。她决定运用 Crea8.s 模型的愿望模式鼓励团队成员一起来规划理想的未来，并且想尽办法让这一理想未来成为现实的行动计划。

考虑到团队当前承担的工作量和工作压力，卡琳决定将整个流程分为四次会议来完成，每次会议持续一个半小时。团队成员不习惯参加这种参与型活动。开始时，这种陌生的方法让他们感到很意外。但是，没过多久，他们开始意识到着眼于未来，积极主动地提出自己的解决方案的好处。前 3 块桥石进展顺利，团队成员轻松地定义了他们的愿望和他们想要实现的目标。第 4

块桥石中的提出想法环节是第一个真正的挑战。卡琳推进了这个流程，她让大家专注于上述愿望，鼓励每个团队成员积极思考怎样才能实现愿望。她请每个团队成员在便利贴上写下自己的想法。很快，挂图板上贴满了可以进一步探索的好想法。

团队成员一起将所有想法进行归类，分成需要进一步改进的四组或四个主要领域。团队成员对每一组想法进行分析、讨论，找出需要优先考虑的想法。最后，运用在第3块桥石中确定的选择标准，从中选出对内部客户影响最大、可以明显改善团队表现，而且整个团队完全能够控制的两组想法。大家将相关的所有工作在团队内部进行了分配，每个团队成员都自告奋勇地要牵头执行某项重要任务。大家决定在接下来的三个月里确定最后期限。

对于大家共同在第7块桥石中制订的行动计划，大家有一种成就感和认同感。虽然他们感到有压力，但是他们积极地参与到解决方案的制订中来。这是他们最为欣赏的部分。制订了明确的目标，拥有一个提出想法、实现这一目标的明确流程，对于解决问题意义重大。

最终结果：对于人力资源部门的职责和目标，团队形成了一个明确的认识。他们现在知道怎样将这一认识变成现实，并且积极性很高。这种创新的问题分析方法让人力资源部门重新认识了人力资源职能在整个组织中的作用，让大家深入认识到人力资源部门怎样创造价值。

卡琳喜欢这个模型的地方：

　　"现在的我们"与"理想的我们"方法和为团队提供专注于未来和解
　　决方案的权力；这一模型主要分析解决方案而不是问题这一事实。卡琳
　　认为Crea8.s模型对于指导型的主管尤其有用，因为这一模型以及它蕴含
　　的参与型风格，有助于团队成员提出不同的看法和建议。

　　　　　　　　　　　　——卡琳·P，一家制药公司全球总部的人力总监

2. 肯·F 和 CMO 模型

一个同事找到肯，要和他谈论自己在一个项目上遇到的问题。这位同事看上去压力很大，神情紧张。他说，那个项目进展缓慢，因为其他部门的利益相关人迟迟无法提供他需要的答案。

肯抑制住了要向对方提建议的冲动。他决定运用 CMO 模型的第一步和第二步。他相信，如果这位同事能够自己找到解决方案的话，就会感到更加自信。谈话初始，那位同事极力为自己辩解，不停地埋怨其他利益相关人不负责任，他说了所有他们应该做或不应该做的事情。

肯专注于 CMO 模型前面的两个方面即收集信息和原因，让那位同事看到事情总有两个方面，没有非黑即白这一说。随着交流的深入，那位同事的态度开始发生了变化，他不再坚持为自己辩护，也不再一味指责别人。他开始将注意力集中到解决方案上来，开始思考怎样才能改变目前的情况。肯注意到那个同事肢体语言的变化，看出他的情绪放松了很多。肯有一个直觉，对方态度的变化是因为他没有因为项目延迟而下论断或责备他。肯还认识到，他的问题激发对方产生了一些有趣的实用想法，而这一点是用其他方法很难做到的。

最终结果：肯的那位同事想出了肯认为值得尝试的两个方案。两个方案完全出自他自己的想法。谈话结束时，那位同事清楚地认识到接下来应该怎么做，在制订和完善解决方案过程中应该扮演什么角色。肯感到，使用这一模型、提出好问题意义重大。

肯喜欢这个模型的地方：

整个模型的整体结构、架构、连续性步骤帮助他组织提问题的思路这一事实；CMO 模型帮助他认真倾听那位同事的话；运用该模型提出的问题让那位同事想到了先前没有想到的方案，而且两个人能一起探讨这些方案。肯认为，这一模型对于想要获得解决方案的人都很有用。

——肯·F，某高教机构的 IT 业务关系经理

3. 埃琳娜·Z 和专注倾听

作者的话：埃琳娜自愿做"专注倾听 7 日方案"的"试飞员"。在第 5 天，她尝试进行沉默训练。下面是她的体会。

在开始这个练习之前，埃琳娜意识到，沉默经常会让她感到不自在，尤其是和不熟悉的人在一起，或是在感到自己被别人评头论足的场合里。她想给别人留下好印象，于是尽量不让谈话冷场。意识到自己的这种冲动之后，她总是想办法克服这种冲动，但是一直没有成功。

一次，她和一位新同事一起参加一个活动，事后两人乘同一辆火车回家。在火车上，两人开始谈话。埃琳娜一点都不了解这位同事，所以不想谈论任何私人话题。几句肤浅的交流之后，两人都没有了话说。埃琳娜感觉自己必须不停地说下去。她不想让同事产生被忽视的感觉，让对方觉得她想看书，不想和对方说话，于是，她强迫自己继续说下去。几分钟之后，只有她一个人在说话。于是，她想，自己是不是惹这位同事不快了。她想到了两种可能：第一种，这位同事不像她一样觉得沉默是一件让人难堪的事情，她只是想一个人安静地待着；第二种，她是一个性格内向的人，如果她一个人不停地说，对方就没有机会说出自己的想法。

想到这里，埃琳娜抓住这个机会练习沉默。于是，她停下来，不再说话，竭力让自己放松。事后，她承认这是一件很困难的事情。几秒钟过去了，这几秒钟就像是几年。但是，她努力坚持着。让埃琳娜惊讶和欣慰的是，后来，那位同事终于开口讲话了。

最终结果：埃琳娜感到自己被"免除"了"挽救"这一谈话的责任。接下来，谈话朝着相反的方向进行。那位同事和她说了很多关于她自己的事情。

对于埃琳娜，这是一次让她感到快乐、有趣的经历。她感到自己对那位同事了解了很多。

埃琳娜的话：

　　"交流是两个人的事情。你不必承担全部责任。如果你允许对方参与，他们就会参与进来。沉默是一件需要练习的事情。当你觉得沉默会让谈话受益，但是直觉和本能反应正好与此相反的时候，一定要忍住，咬住舌头，你会看到有趣的事情发生。"

　　　　　　　　　　　　　　——埃琳娜·Z，某政府组织项目经理

致　谢

写书是一项激动人心的挑战，不可小觑。合作写书是一场冒险。一路走来，我和莫琳相互扶持，互相学习。如果把写书的过程比作创新的过程，那么一个好的创意的确非常关键。然而，好创意只是执行过程的开端。这一过程中，我们并不孤单。我们的出版商和编辑自始至终表现出了对我们的信任。我们的客户和朋友们接受了我们的访问，允许我们打破砂锅问到底，去发现在他们各自的工作环境里都有哪些针对教练式辅导和创新的意见、信息和证据。我们非常幸运地请到了一批"试飞员"——他们自愿花时间和精力试用我们的各种模型、工具和方法，针对试用体验给我们提供了有价值的反馈和创造性的意见。我们要特别感谢查理、埃琳娜、伊沃德、艾维塔、扬、约翰、凯琳、肯和桑那。我们还要感谢读过本书定稿前各个版本，并提供了宝贵意见帮助我们成书的各位，尤其是因德拉·莫达克和伊沃德·埃芬格尔。我们在写作初期采访的第一位对象是斯蒂芬·昆兹，我们非常感谢他的支持和鼓励。我们还要谢谢瑞卡达，他让我们在截稿期将近时依然脚踏实地。最后，感谢伊莎贝拉·特兰在五年前介绍我和莫琳认识。我们两人的个性很不一样，促成我们合作真是奇思妙想。这一想法让我们之间产生了深厚的友谊，并催生了一次令人兴奋、颇有成就感的创造性合作。最后，我们两人的家庭不遗

余力地支持我们。在此，谨向所有人表示感谢。

　　谢谢格雷厄姆·肖的卡通画大师班，让莫琳发现她居然会画画了，勇气大增下，她为本书绘制了所有卡通漫画。

克里斯蒂娜·比安基